JN098385

よくわかる!

ユーキャンの

第5版

乙種危険物 第4類取扱者

これだけ! 一問一答&要点まとめ

これだけ！ ユーキャンの一問一答&要点まとめ ここがポイント

● 試験直前の強い味方！

本書は、これだけ！はチェックしておきたい事項を、一問一答形式でまとめた問題集です。いつでもどこでも手軽に学習できる赤シートつき。限られた時間を最大限に活用できるよう、問題には🔥の数で重要度（🔥3つが最重要）を示しました。

● 3行でざっくり把握！720問できちんと対策！

各Lessonのはじめに、受験対策をざっくり確認できる「3行ポイント」を掲載。710問の○×問題は、試験で繰り返し問われる重要ポイントです。赤シートを使えば、解説部分も710問の穴埋め問題に！さらに711問目からの10問は、重要度の高い計算問題を収録しています。

● 図表でしっかり確認！ゴロ合わせで楽しく暗記！

「重要ポイントまとめてCHECK!!」では、重要ポイントをイラストや図表で横断的に解説。巻末の「使える！ゴロ合わせ58」も楽しい学習をサポートします。

本書の使い方

本書は、○×形式の一問一答ページとポイントまとめページで構成
されています。問題ページで知識を確認、まとめページで重要ポ
イントを整理することができます。

一問一答で
知識を確認

まずは、赤シート
で右ページの解答
を隠しながら左ペ
ージの問題を解き、
理解度を確認しま
しょう。

右ページの解説を
チェック

間違えた問題はしっかり解説を読
んで、確実に理解しましょう。
正解した問題も解説を読み、プラス
αの知識を吸収しましょう。

これだけ！は押さえ
ておきたい基本事項
を問う問題です。

問題の重要度を♦の
数で示しました。直
前期の効率的な学習
をサポートします。
問題にも解説にも、
チェックボックスが
2回分。繰り返しが
学習効果を高めます。

第1編 基礎的な物理学および基礎的な化学
第1章 基礎的な物理学

Lesson.1 物質の状態変化 　　　　⇨ 圖P.12

 Q001 ドライアイスを放置すると気体の二酸化炭素に
なるように、固体が液体にならずに、いきなり
気化することを昇華という。

 Q002 液体は、分子が強く結合し、熱運動はまったく
しない状態である。

 Q003 気体が液体に変わることを凝縮（液化）といい、
このとき気体は周囲から熱を吸収する。

 Q004 液体が気化 　　　　　吸収する熱量を蒸発熱
（気化熱）という。

 Q005 潮解とは、結晶水（結晶中に結合している水）
を含む物質が、その結晶水の一部または全部を
　　　　　　　という。

いずれも物理変化で

解説ページは『穴埋め問題集』としても
活用できます！

重要部分が赤字になっているので、赤シートを使い
穴埋め形式でチェックすることも可能です。

まとめページで横断整理

一問一答だけではフォローしきれない重要項目は、まとめページでしっかり確認し、知識を整理しましょう。

乙4の基本テキスト『速習レッスン 第5版』へのリンクも掲載！

重要ポイント まとめて CHECK!!

Point 56 標識・掲示板

❖標識

製造所等 （移動タンク貯蔵所以外）	移動タンク貯蔵所
危険物施設の名称を表示 幅0.3m以上 **危険物給油取扱所** 0.6m以上 白色の地 黒色の文字	「危」と表示 0.3m以上 0.4m以下 **危** 0.3m以上 0.4m以下 黒色の地 黄色（反射塗料）の文字

❖掲示板（すべて幅0.3m以上、長さ0.6m以上）
① 危険物等を表示する掲示板（白地、黒文字）
　類、品名、最大数量、指定数量の倍数などを表示する。
② 注意事項を表示する掲示板
③「給油中エンジン停止」の掲示板（黄赤地、黒文字）
　給油取扱所だけに設ける。

禁水 （青地、白文字）	第1類 アルカリ金属の過酸化物 第3類 禁水性物品等
火気注意 （赤地、白文字）	第2類（引火性固体以外のもの）
火気厳禁 （赤地、白文字）	第2類 引火性固体、第4類、第5類 第3類 自然発火性物品等

244

重要な項目は図表・イラストなどで整理。赤シートを使うとより効果的です。

3行ポイントで各Lessonの受験対策をざっくり理解。巻末のゴロ合わせと対応する解説やPointには 🐾 マークをつけました。楽しさが学習に加わります。

三態（固体・液体・気体）の変化を理解することは、危険物の性質や特性を学習する上での基礎となります。 345

昇華が起こる物質として、ドライアイスのほか、ナフタリンなどが挙げられる。なお、気体が いきなり固体に変化することも昇華という 🐾 1

熱運動をまったくしない状態は、固体である。液体は、分子が弱く引き合い、緩やかに熱運動をしている状態である。

固体→液体→気体へと分子の運動が活発になる方向へ変化する場合は、熱エネルギーが必要となるため周囲から熱を吸収するが、これと逆の方向への変化では、余った熱を放出する。

水の蒸発熱はほかの物質より大きく、熱するとき周囲の熱を大量に吸収するので、冷却効果が高く、そのため消火剤として利用される。

これは　　の説明である。　　は、固体の物質が空気中に含まれている水分を吸収し、湿って溶ける現象である。

状態変化（融解、凝固、蒸発、凝縮、昇華）や　　、混合、分離などの現象は、すべて物理変化である。

5

目 次

科目別にみる対策ポイント

　危険物取扱者の試験は、各都道府県ごとに実施されます。

　試験は筆記試験のみです。出題形式は五肢択一問題で、解答はマークシート方式です。試験科目と科目ごとの問題数、合格基準、試験時間は、以下の通りです。

科　　目	問題数	合格基準	試験時間
①危険物に関する法令	15問	60%	
②基礎的な物理学および基礎的な化学	10問	60%	2時間
③危険物の性質ならびにその火災予防および消火の方法	10問	60%	

　なお、<u>本書では「学習のしやすさ」を考慮して、実際の試験の科目とは順番を変えてあります。</u>

①基礎的な物理学および基礎的な化学
（10問／6問以上正解で合格）

◆物理学
　物質の三態（さんたい）、物理変化、沸騰（ふっとう）・沸点（ふってん）、熱量、比熱、熱容量、熱の移動がポイントです。火災の原因にもなる静電気については、静電気の成り立ち、発生しやすい条件、静電気災害の防止についての理解が重要です。

◆化学
　物理変化・化学変化、物質の種類、原子量・分子量、化学変化の規則性、気体の性質、化学反応式、溶液の濃度、金属の特性と腐食（ふしょく）対策がポイントです。酸と塩基については、基本事項からしっかり確認しておきましょう。

◆燃焼理論
　燃焼の定義・種類・難易、燃焼範囲、混合危険、燃焼の3要素、消火の方法、火災の種類、消火剤の種類がポイントです。引火点と発火点は、危険物の具体的な理解にも関連する重要ポイントです。

②危険物の性質ならびにその火災予防および消火の方法
（10問／6問以上正解で合格）

◆危険物の分類と第4類危険物
第1類から第6類の危険物の分類と各類ごとの性状、特殊引火物、第1石油類などの第4類危険物の7つの分類、第4類危険物に共通する特性・火災予防方法・消火方法がポイントです。

その上で、第4類危険物の7つの分類のそれぞれについての細かな理解がポイントになります。個々の物品としては、以下のものが重要です。

特殊引火物のジエチルエーテル、二硫化炭素。第1石油類のガソリン。アルコール類のメタノール、エタノール。第2石油類の灯油、軽油。第3石油類の重油。

◆第4類以外の危険物
各類ごとの大まかな性状の理解がポイントです。

③危険物に関する法令 （15問／9問以上正解で合格）

◆危険物に関わる法令と各種申請
危険物の定義、指定数量、申請、仮使用、仮貯蔵・仮取扱い、届出、危険物取扱者、免状、保安講習、危険物保安監督者、危険物施設保安員、危険物保安統括管理者、定期点検、予防規程がポイントです。

◆製造所等の構造・設備の基準
保安距離、保有空地、屋外貯蔵所の位置の基準、屋外貯蔵所で貯蔵・取扱いができる危険物、屋外タンク貯蔵所の防油堤、地下タンク貯蔵所・移動タンク貯蔵所・給油取扱所の基準がポイントです。

◆貯蔵・取扱いの基準
標識、掲示板、貯蔵・取扱いの基準、運搬の基準、移送の基準、許可の取消し、使用停止命令がポイントです。

第1章　基礎的な物理学

Lesson.1 物質の状態変化　⇨速P.12

 ドライアイスを放置すると気体の二酸化炭素になるように、固体が液体にならずに、いきなり気化することを昇華という。

 液体は、分子が強く結合し、熱運動はまったくしない状態である。

 気体が液体に変わることを凝縮（液化）といい、このとき気体は周囲から熱を吸収する。

 液体1gが蒸発するときに吸収する熱量を蒸発熱（気化熱）という。

 潮解とは、結晶水（結晶中に結合している水）を含む物質が、その結晶水の一部または全部を失って粉末状になることをいう。

 物質の三態間で起こる状態変化のほか、溶解、潮解、風解などの現象は、いずれも物理変化である。

三態（固体・液体・気体）の変化を理解することは、危険物の性質や特性を学習する上での基礎となります。

3行ポイント

A001 昇華が起こる物質として、ドライアイスのほかナフタリンなどが挙げられる。なお、気体からいきなり固体に変化することも昇華という。 1

A002 熱運動をまったくしない状態は、固体である。液体は、分子が弱く引き合い、緩やかに熱運動をしている状態である。

A003 固体→液体→気体へと分子の運動が活発になる方向へ変化する場合は、熱エネルギーが必要となるため周囲から熱を吸収するが、これと逆の方向への変化では、余った熱を放出する。

A004 水の蒸発熱はほかの物質より大きく、蒸発するとき周囲の熱を大量に吸収するので、冷却効果が高く、そのため消火剤として利用される。

A005 これは風解の説明である。潮解は、固体の物質が空気中に含まれている水分を吸収し、湿って溶ける現象である。

A006 状態変化（融解、凝固、蒸発、凝縮、昇華）や溶解、潮解、風解、混合、分離などの現象は、すべて物理変化である。

Lesson.2 沸点と融点

⇨ 速 P.16

 Q 007 一定圧力のもとで液体を加熱していくと、液体の表面だけでなく、液体内部からも泡が激しく発生する。この現象を沸騰という。

 Q 008 沸点とは、液体の蒸気圧（飽和蒸気圧）が外圧と等しくなるときの液温である。

 Q 009 一定圧力のもとで、純粋な物質の沸点は、その物質固有の値を示す。

 Q 010 水の沸点は、外圧(気圧)に関係なくいつも100℃である。

 Q 011 外圧（大気圧）が大きくなると、液体の沸点は低くなる。

 Q 012 高い山の上では、水は100℃より高い温度で沸騰する。

 Q 013 大気圧が1気圧のときは、沸点は飽和蒸気圧が1気圧になるときの液温となる。

液体→気体への変化には、蒸発と沸騰があります。沸騰がなぜ起きるかを理解しましょう。沸点の定義、沸点・融点（凝固点）と物質の状態との関係も整理して。 **3行ポイント**

 A007 液体内部から泡が発生するのは、液体内部からも気化（気体への状態変化）が起きているからであり、この現象を沸騰という。

 A008 液体の蒸気圧（飽和蒸気圧）が外圧以上になると、沸騰がはじまる。

 A009 一定の圧力において、純粋な物質にはそれぞれ固有の沸点がある。これに対して、純粋でない物質（混合物）には固有の沸点がない。

 A010 水の沸点は、外圧（大気圧）に関係があり、いつも100℃というわけではない。

 A011 沸点は、外圧が大きくなると、それを上回るために高くなり、外圧が小さくなると低くなる。

 A012 高い山の上は気圧が低いので、水の表面に作用する外圧（大気圧）が低くなる。このため、水は100℃より低い温度で沸騰する。

 A013 液体の飽和蒸気圧は、温度の上昇に伴って増大し、やがてこの蒸気圧の値が外圧（大気圧）と等しくなると、沸騰がはじまる。

基礎的な物理学および基礎的な化学

15

大気圧が１気圧であるときの沸点を、標準沸点
という。

 固体が加熱されて気体になるときの温度を融点
という。

 純粋な物質は、同一の圧力のもとでは、融点と
凝固点は同じ値になる。

 １気圧において、ある物質の融点が−90℃で、
沸点が60℃であるとすると、−50℃〜50℃の
間は、その物質は液体である。

 状態が変化している間は、吸収または放出され
る熱は、その物質の温度変化となって表れない。

 状態が変化している間に、吸収または放出され
る熱のことを凝固熱という。

A014 標準状態（大気圧＝1気圧のとき）での沸点と<ruby>沸点<rt>ふってん</rt></ruby>とは、<ruby>飽和<rt>ほうわ</rt></ruby>蒸気圧が1気圧になるときの液温であるといえる。これを標準沸点という。

 A015 固体の温度を上げていくと、ある温度で固体は液体になりはじめる。この現象を<ruby>融解<rt>ゆうかい</rt></ruby>といい、このときの温度を融点という。🎲3

A016 固体が液体へと変化する融解と、液体が固体へと変化する<ruby>凝固<rt>ぎょうこ</rt></ruby>は、同一の圧力ならば同じ温度で起こる。水の融点と凝固点は0℃である。🎲4

A017 設問の物質は、−90℃より低い温度では固体、−90℃を超えて60℃に達するまでは液体であり、60℃を超えると気体になる。したがって、−50℃〜50℃の間は液体である。

A018 状態変化が起きている最中は、熱エネルギーがすべて状態変化のためだけに使われ、温度変化には使われないので、温度は変化しない。

A019 状態変化が起きている最中に吸収または放出される熱は、<ruby>潜熱<rt>せんねつ</rt></ruby>と呼ばれる。凝固熱は、液体が冷やされて固体に変化するときの熱である。

重要ポイント まとめて CHECK!!

Point 1 物質の三態

　物質を加熱したり、冷却したりすると、物質は固体・液体・気体と状態が変わります。これを物質の三態といいます。

　物質を構成する分子は、分子間力によって互いに引き合っていますが、加熱すると熱運動が始まります。

分子は強く結合し、熱運動しない状態

分子は弱く引き合い、緩やかに熱運動している状態

分子は自由に熱運動している状態

Point 2 融解と凝固、蒸発と凝縮 　2・3

　氷が融けて水になるように、固体が液体に変わることを融解といい、液体が固体に変わることを凝固といいます。また、液体が気体に変わることを蒸発（気化）、気体が液体に変わることを凝縮（液化）といいます。

　液体は蒸発するとき、周囲の熱を大量に吸収します。1 gの液体が蒸発するときに吸収する熱量を蒸発熱（気化熱）といいます。水の蒸発熱は他の物質より大きく、冷却効果が高いので、消火活動に利用されます。

Point 3 沸点と融点 📖4

　液体の表面からは、いつも
蒸発が起きています。液体を
加熱していくと、やがて液体
の内部からも蒸発が起こり、
泡が激しく発生します。この
現象を沸騰といい、このとき
の液温を沸点といいます。

　蒸発は蒸気圧が限界の値に
なるまで続き、この限界の値
を飽和蒸気圧といいます。

沸騰している
温度が沸点

蒸気圧が外圧
と等しくなると
沸騰する

　純粋な物質では融解と凝固が起きる温度は同じで、こ
れを融点または凝固点といいます。

　固体が液体に、または液体が固体に変化している間は、
物質の温度は変化しません。なぜなら、熱エネルギーが
状態変化のためだけに使われ（潜熱）、温度変化には使わ
れないからです。

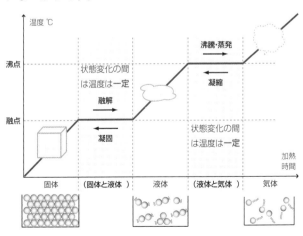

比重が同じであれば、同じ体積の物体の質量は同じである。

 物質の質量が一定のとき、体積が減少すると密度は小さくなる。

 水は特殊な物質で、1気圧、4℃のときに体積が最小となる。このとき純粋な水の密度は最大で1g/cm³となる。

 固体と液体の比重は、物質の質量をその物質の体積で割ることで求められる。

 固体と液体の場合、比重は物質の密度から単位（g/cm³）を省略した数値となる。

 物質の蒸気比重は、蒸気（気体）の質量がそれと同体積の水（1気圧、4℃）の質量の何倍であるかを示した数値である。

 ガソリンの蒸気は軽いので、室内では高いところに溜まる性質がある。

固体と液体の比重の基準は水、気体の比重の基準は空気です。出題されやすいガソリンは、液体と気体とでは比重が異なります。水の比重は4℃のときが最大です。

 A020 質量とは「比重×体積」で求められる。比重と体積が同じであれば、それらの物体の質量は<u>同じ</u>である。

 A021 密度は物質の<u>質量</u>（重さ）を<u>体積</u>で割ることで求められる。質量が一定のとき、体積が減少すると密度は<u>大きく</u>なる。 🍓5

 A022 水は温度が4℃よりも下がって固体（氷）になっても、密度は大きくならない。1気圧、4℃のとき体積は<u>最小</u>、密度は<u>最大</u>である。

 A023 固体と液体の比重は、物質の質量をその物質と同体積の<u>水</u>の質量で割ることで求められる。このときの<u>水</u>は、1気圧、<u>4</u>℃の純粋な<u>水</u>。

 A024 水の比重を<u>1</u>として考える。たとえば、二硫化炭素が130g（100cm³）ある場合、比重は130（g）÷100（cm³）＝1.3となる。

 A025 気体の場合の蒸気比重は基準となる物質は水ではなく、気体と同体積の<u>空気</u>（1気圧、<u>0</u>℃）である。

 A026 ガソリンの蒸気比重は<u>3〜4</u>なので、同体積の空気の3〜4倍の重さがあり、室内に漏れた場合は<u>低い</u>場所に溜まる性質がある。

圧力とは単位面積当たりに働く力のことで、力の大きさを、力を受ける物体の体積で割ることで求められる。

 固体に圧力を加えると、圧力は加えられた方向にだけ伝わる。

 質量1kgの物体が地球から受ける重力の大きさは、約9.8ニュートン（N）である。

 圧力の単位である1パスカル（Pa）は、100ニュートン毎平方メートル（N/m²）と等しい。

 大気圧の大きさは、海面と同じ高さの場所で約1013ヘクトパスカル（hPa）である。

 パスカルの原理を応用すると、小さな力で大きな力を得ることができる。

 液体や気体に圧力を加えると、圧力は加えられた方向にだけ伝わる。

圧力の求め方を覚えましょう。また、固体の場合と液体や気体の場合とで、圧力の伝わり方がどう違うかも理解しておきましょう。

A027 圧力を求める計算は、力の大きさを、その物体が力を受ける部分の面積で割ることで求められる。🎲6

A028 固体の圧力の伝わり方は、液体や気体と違い、圧力は加えられた一定の方向にだけ伝わる。

A029 力の大きさは、地球上の物体に働く重力の大きさを基準にして決められている。

A030 圧力（N/m²）は「力の大きさ（N）÷その物体が力を受ける部分の面積（m²）」で求められ、1 Pa＝1 N/m²である。🎲6

A031 大気圧を表す単位はhPaがよく使われ、1 hPa＝100Paである。また、1013hPa≒1気圧（atm）である。

A032 パスカルの原理は、自動車の油圧ブレーキや、ガソリンスタンド等にある自動車を持ち上げるためのリフト等に活用されている。

A033 液体や気体の圧力の伝わり方は、固体と違い、圧力は加えられた一定の方向だけでなく、あらゆる方向に同じ大きさで伝わる。

重要ポイント まとめて CHECK!!

Point 4　密度と比重　 5

❖密度

物質1 cm³当たりの質量を密度といいます。物質の質量を、その体積で割ると求められます。

$$
密度(g/cm^3) = \frac{物質の質量\,(g)}{物質の体積\,(cm^3)}
$$

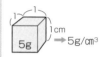

水は特殊な物質で、1気圧、4℃のときに体積が最小となります。そのときの純粋な水の密度は1 g/cm³で、これが水の最大の密度となります。4℃よりも温度が下がって固体(氷)になっても、水の密度は大きくなりません。

❖比重

固体と液体の比重は、1気圧、4℃の水の質量の何倍であるかを示した数値です。気体の比重(蒸気比重)は、その気体と同体積の空気(1気圧、0℃)の質量の何倍であるかを示した数値です。これらの比重には単位はありません。

$$
比重 = \frac{物質の質量\,(g)}{物質と同体積の水の質量\,(g)}
$$

$$
蒸気比重 = \frac{蒸気の質量\,(g)}{蒸気と同体積の空気の質量\,(g)}
$$

Point 5 圧力と大気圧

🎲 6・7

❖圧力

　圧力とは、単位面積当たりに働く力の大きさのことです。力の大きさをその力を受ける物体の面積で割ると求められ、単位はニュートン（N）やパスカル（Pa）です。

$$圧力（N/m^2） = \frac{力の大きさ（N）}{面の面積（m^2）} \qquad 1Pa = 1N/m^2$$

❖大気圧

　大気圧とは大気による圧力のことで、山頂では上空にある空気が少ないので、大気圧が低くなります。海面と同じ高さの場所で約1013ヘクトパスカル（hPa）になり、これを１気圧（atm）といいます。

Point 6 圧力の伝わり方

　固体に圧力を加えたときは、加えた方向にだけ圧力が伝わります。液体や気体の場合は、加えられた方向だけでなく、あらゆる方向に同じ大きさの圧力が伝わります。
　液体が容器に閉じ込められて静止している場合、液体の一部分に圧力を加えると、液体内のすべての点の圧力が同じ大きさだけ増加します。これをパスカルの原理といいます。

このようにピストンの面積を変えると、小さな力から大きな力を生むことができます。

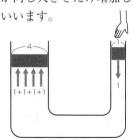

基礎的な物理学および基礎的な化学

Q 034 セ氏温度で0℃のときは、絶対温度では273Kである。

 Q 035 比熱とは、物質1kgの温度を1℃上げるのに必要な熱量のことである。

 Q 036 水は比熱0.5J/(g・℃)の食用油より、少ない熱量で温度を上げることができる。

 Q 037 比熱2.39のアルコールと、比熱1.93の灯油では、アルコールの方が温まりにくく、冷めにくい。

 Q 038 熱容量とは、物質全体の温度を1℃上げるために必要な熱量をいい、物質の質量×比熱で求められる。

 Q 039 10℃の水50gを、20℃まで温めるのに必要な熱量は2,095Jである。ただし、水の比熱は4.19とする。

 Q 040 ある物質100gの温度を10℃から30℃まで上げるのに420Jの熱量を必要とした。この物質の比熱は0.15J/(g・℃)である。

繰り返し熱量の計算練習をしておきましょう。また、比熱や熱量・熱容量など、語句の意味とその違いもしっかり覚えましょう。

3行ポイント

A034 物質の温度が低下していくと、やがて分子運動が<u>停止</u>し、物質の温度が下がらなくなる。この温度が−273℃で<u>絶対0度</u>と呼ばれる。🎲 8

A035 比熱は物質<u>1</u>gの温度を<u>1</u>℃上げるのに必要な熱量のことで、「熱量÷<u>質量(g)</u>÷温度差」。🎲 9

A036 水の比熱は<u>4.19</u>J/(g・℃) なので、水1gを1℃上げるには<u>4.19</u>J必要である。食用油が比熱0.5J/(g・℃) であれば、食用油の方が少ない熱量で液温を上げられる。

A037 比熱の小さい物質は<u>温まり</u>やすく<u>冷め</u>やすい。比熱の大きい物質は<u>温まり</u>にくく<u>冷め</u>にくい。比熱の大きいアルコールの方が<u>温まり</u>にくく、<u>冷め</u>にくい。

A038 熱容量は、熱容量をC、質量をm、比熱をcとしたとき、C＝<u>mc</u>の式で表される。🎲 9

A039 熱量は<u>比熱</u>×<u>質量</u>×<u>温度差</u>で求められる。水の比熱4.19×50g×(20℃−10℃)＝2,095 Jとなる。

A040 「熱量＝比熱×質量×温度差」であることから、「比熱＝熱量÷質量÷温度差」で求められる。＝420÷100÷20＝0.21となる。

基礎的な物理学および基礎的な化学

Q 041
熱の移動には3種類あり、液体が加熱されると膨張して上昇し、そこへ周囲の冷たい部分が流れ込む現象を伝導という。

 Q 042
金属・コンクリート・木材の中で、最も熱が伝わりやすいものは金属である。

 Q 043
熱伝導率の大きい物質は、可燃性であっても燃焼しにくい。

 Q 044
水は常温において、空気よりも熱伝導率が小さい。

 Q 045
体膨張率は物質によって大きさが異なり、大きいものから順に並べると①固体、②液体、③気体の順になる。

 Q 046
体膨張率が1.35×10^{-3}のガソリンが、$10℃$のときに5,000Lあった。このガソリンが30℃になると、135L増える。

 Q 047
気体の体膨張率は液体や固体よりも大きく、気体の物質によってそれぞれ数値が違う。

熱の移動には①伝導②放射③対流があります。固体、液体、気体が温度が高くなるとどのような膨張をするかや、物質の状態ごとの熱伝導率の特徴も理解して。

3行イメージポイント

A041

液体が加熱されると膨張（ぼうちょう）して上昇し、そこへ周囲の冷たい部分が流れ込む現象は対流という。伝導とは針金の一方の端を加熱すると、やがて反対側にも熱が伝わるような現象のこと。🐚 10

A042

熱伝導率が大きいほど、熱は伝わりやすい。大きい順に並べると、①金属、②コンクリート、③木材となる。

A043

熱伝導率が大きい物質は、熱の移動が速くて熱が蓄積せず、物質の温度が上がりにくいため燃焼しにくい。

A044

常温において水の熱伝導率は0.00140、空気は0.0000533。一般に、気体く液体く固体の順で、熱伝導率が大きくなる。

A045

体膨張率（たいぼうちょうりつ）の大きさの順序は、熱伝導率の大きさの順序と逆になる。つまり、固体く液体く気体の順で大きくなる。

A046

増加する体積は、「元の体積×体膨張率×温度差」で求められる。5000×0.00135×20＝135となり、135L増えることになる。

A047

気体の体膨張率は液体や固体よりも大きく、どの気体でも、圧力が一定の場合、温度が1℃上昇するごとに0℃のときの体積の$\frac{1}{273}$ずつ膨張する。

基礎的な物理学および基礎的な化学

29

液体を容器に保管するとき空間を残して注入するのは、液体の体膨張による容器の破損を防ぐためである。

 やかんで湯を沸かすとき、取っ手が熱くなるのも、湯が沸くのも伝導による熱の移動である。

 200Lのガソリンの温度を10℃から50℃に上げると、ガソリンの量は213.5Lになる。ただしガソリンの体膨張率は0.00135とする。

 銅・空気・木材・水の中で、常温において熱伝導率が最も小さいのは水である。

 太陽が地球を温めるように、高温の物質が他の物質に熱を与える現象を放射という。

 真夏に線路がゆがんでしまうのは、線膨張によるものである。

 ストーブから離れて立っていても顔だけが熱くなるのは、対流によって熱が伝わるためである。

体膨張率が大きいほど容器破損の危険が増す。液体（危険物）があふれ出るだけでなく、火災や爆発の危険性も増すことになる。

 取っ手が熱くなるのは、伝導による熱の移動であるが、やかんで湯が沸くのは対流による熱の移動である。🍓 10

 増える体積は、「元の体積（200L）×体膨張率0.00135×温度差（40℃）」の計算で10.8Lとなる。元の体積を足すと210.8Lとなる。

 主な伝導率は、銅0.923、空気0.0000533、木材0.0005、水0.00140である。熱伝導率は大きいものから、①固体、②液体、③気体の順となる。

 熱を伝える物質がなくても、熱は移動するため、真空の空間であっても放射は起こる。放射のことを輻射ともいう。🍓 10

 固体の熱膨張の場合、2点間の距離の変化を考えなくてはならない。これを線膨張という。また、体膨張率は線膨張率の約3倍となる。

 室内の気体が移動することで部屋が温かくなるのは対流によるものであるが、顔だけが熱くなるのはストーブからの放射によるものである。

基礎的な物理学および基礎的な化学

Q055 電流の大きさは電圧に比例し、抵抗（電気抵抗）を小さくするほど電流は大きくなる。

 Q056 電気をよく通す物質を導体といい、例として、合成樹脂や紙などが挙げられる。

 Q057 物体が正（＋）の電気を帯びることを帯電といい、帯電した物体を帯電体という。

 Q058 物体に帯電している電気のことを電荷といい、正（＋）と負（－）の2種に分かれる。

 Q059 異なる種類の電荷は反発し合うが、同じ種類の電荷は互いに引き合う。

 Q060 帯電した物体に分布している、流れのない電気のことを静電気という。

 Q061 導体に帯電体を近づけると、その導体と帯電体は互いに反発する。

静電気は必ず出題される重要項目。第4類危険物の引火性液体は、電気火花や静電気火花でも点火源に。静電気の発生を抑えたり蓄積させない方法を覚えましょう。

3行ポイント

A055
「電流（I）＝電圧（E）÷抵抗（R）」という関係をオームの法則といい、抵抗を小さくするほど電流は大きくなる。🍓11

A056
電気をよく通す物質を導体、電気を通しにくい物質を不導体（絶縁体）という。不導体には、ゴム・合成樹脂・紙・木・磁器などがある。

A057
物体が正（＋）または負（－）の電気を帯びることを帯電といい、どちらに帯電した物体でも帯電体という。

A058
物体に帯電している電気またはその量のことを電荷といい、正の電荷と負の電荷の2種に分かれる。

A059
正と負で異なる種類の電荷は互いに引き合う。これに対し、同じ種類の電荷は反発し合う。

A060
静電気とは物質に帯電した電気のことである。静電気は固体に限らず、液体や気体においても発生する。

A061
導体に帯電体が近づくと、導体の帯電体に近い側に帯電体と異種の電荷が現れる（この現象を静電誘導という）。これにより、導体と帯電体は互いに引き合う。

Q062 ２つの物質を摩擦すると電子の移動が起こり、一方が電子を失って負に帯電し、他方は電子を得て正に帯電する。

 Q063 物体間で電子のやり取りが生じても、電気量の総和は変わらない。

 Q064 静電気は発生量が少なくても、蓄積されることによって危険性が増す。

 Q065 着火・爆発を起こし得る着火源の最小着火エネルギーは、その値が大きいほど危険である。

 Q066 摩擦以外の帯電現象には、接触帯電、流動帯電、噴出帯電などがある。流動帯電とはノズルから液体が噴き出す際に帯電する現象のことである。

 Q067 電気を通しやすい物質には、静電気が発生しにくい。

 Q068 条件によっては、静電気は電気の導体、不導体にかかわりなく帯電する。

A062 電子は負（−）の電気を帯びているので、電子を得た方が負に帯電し、電子を失った方が正に帯電する。

 A063 物体間で電子のやり取り（「電荷のやり取り」ともいう）が生じると、一方では電子不足、他方では電子過剰となるが、全体的な電気量の総和は変わらない。

 A064 静電気は発生量が少なくても、蓄積されると、やがて放電火花によって爆発や火災を起こすことがある。

 A065 静電気の放電エネルギーの大きさが可燃性ガスの最小着火エネルギーの値を上回った場合に、その可燃性ガスは着火する。このため最小着火エネルギーの値は小さいほど危険である。

 A066 ノズルから高速で液体が噴き出す際に帯電する現象は噴出帯電という。流動帯電とは、液体が管内を流れる際に帯電する現象をいう。📖 13

 A067 電気を通しやすい物質（導体）に静電気が発生しにくいのは、（−）の電気（電子）が移動しても帯電せず、すぐ元の状態に戻るからである。

 A068 たとえ導体であっても、絶縁状態にして静電気の逃げ道をなくした場合には帯電する。人体もこのような状態では帯電する。

静電気は、湿度の高いときに帯電しやすい。

 ポリエチレン製の容器より金属製の容器の方が、静電気が帯電しやすくて危険である。

 静電気が起きないようにするためには、タンクの絶縁性を高くするとよい。

 静電気災害の防止のために、液体がゆっくり流れるようにパイプやホースの内径を大きくしたり、管の途中に停滞区間を設けたりする。

 液体の危険物をタンクの上部から注入するときは、ノズルの先端をタンクの底に着ける。

 接地（アース）には、不導体を用いると効果的である。

 静電気が原因の火災では、電気火災の消火方法をとればよい。

A069 湿度は、空気中に存在する<u>水蒸気量</u>を表す数値であり、湿度が高いときは静電気が<u>水蒸気</u>へと移動するため、帯電しにくい。 ⚄14

 A070 ポリエチレン製などの石油等を原料とする容器は<u>絶縁抵抗</u>が大きいので、静電気が帯電しやすい。一方、金属製のものは、接地によって放電することができるので帯電しにくい。

 A071 静電気は設備や道具の内部でも発生する。設備や道具の絶縁性を高くすると、静電気の<u>逃げ道</u>がなくなり、内部に蓄積して危険な状態になるので、絶対に避ける。

 A072 液体がパイプやホースを流れるときには静電気が発生しやすくなる。また、液体の流速に<u>比例</u>して静電気の発生量が増えるので、流速を<u>遅く</u>する必要がある。

 A073 落差による攪拌（かくはん）などで静電気が発生しないように、注入管のノズルの先端を<u>タンクの底</u>に着けて注入する。

 A074 接地（アース）は、静電気が導線を通って<u>地面</u>に逃げるようにするためのものなので、<u>導体</u>を用いる必要がある。

 A075 原因が静電気の<u>放電火花</u>による火災であっても、その<u>燃焼物の種類</u>に合った消火方法でなければならない。

重要ポイント

まとめて CHECK!!

Point 7　熱量と温度

　熱はエネルギーの1つで、このエネルギーの量を熱量といいます。単位はジュール（J）を使います。

　温度はセ氏（℃）のほか、絶対温度で表す場合もあります。物質の温度を低下させていくと、分子運動が緩やかになり、やがて停止します。このときの温度が−273℃です（絶対0度）。物質の温度はこれ以上下がりません。

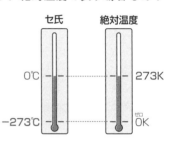

Point 8　熱の移動と熱膨張

　熱の移動には、①伝導、②放射、③対流があります。

　物体は温度が高くなると、長さや体積が増加します。これをそれぞれ線膨張・体膨張といい、増加する体積は、元の体積×体膨張率×温度差という式で求められます。

38

Point 9 静電気の発生　📖 13

　摩擦によってナイロンが（＋）の電気を帯び、ストローが（－）の電気を帯びることで互いに引き合うように、物体が

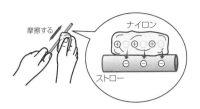

摩擦する
ナイロン
ストロー

電気を帯びることを**帯電**といい、帯電した物体に分布している、流れのない電気のことを**静電気**といいます。

　摩擦以外の主な帯電現象は次の通りです。

①流動帯電…液体が管内を流れる際に帯電する

②接触帯電…２つの物質を接触させ、分離（剥離）する際に帯電する

③噴出帯電…ノズルなどから液体が高速で噴出する際に帯電する

Point 10 静電気災害の防止　📖 14

　静電気が蓄積されると放電火花を生じ、これが点火源となって火災を起こす危険があります。

静電気災害の防ぎ方
①摩擦を少なくするために、**接触面積**や**接触圧力**を**減らす**
②給油ホースなどには、**導電性**の高い材料を使う
③配管やホースの内径を大きくして、**流速**を**遅くする**
④**ノズルの先端**を**タンクの底**に着けて注入する
⑤室内の**湿度**を**高く**する
⑥**接地（アース）**をする
⑦**木綿**の衣服を着用する

第1編　基礎的な物理学および基礎的な化学

第2章　基礎的な化学

Lesson.1 物質の変化と種類　⇨�速P.42

 ある物質が、性質の異なるまったく別の物質に変わる変化を物理変化という。

 ばねに力を加えると伸びる、ニクロム線に電流を流すと赤くなるといった現象は、物理変化である。

 化学変化には、2種類以上の物質が結びついて別の物質ができる混合や、1つの物質が2種類以上の物質に分かれる分解などがある。

 空気中に放置しておいた鉄が錆びてぼろぼろになる現象は、物理変化である。

 ガソリンが燃焼して二酸化炭素と水蒸気が発生する現象は、化学変化である。

 水を電気分解すると水素と酸素になる現象は、化学変化である。

物質の変化と種類はよく出題されます。物理変化と化学変化の区別や純物質と混合物の見分け方、同素体・異性体などの用語、主な元素記号等を覚えましょう。

A076
別の物質に変わる変化は<u>化学変化</u>である。これに対し、物理変化は物質の<u>形</u>や<u>状態</u>が変わるだけで別の物質になるわけではない。

A077
ばねが伸びても、ニクロム線が赤くなっても、別の物質に変わるわけではないので、<u>物理変化</u>である。

A078
2種類以上の物質が結びついて別の物質ができる化学変化は<u>化合</u>という。<u>混合</u>は2種類以上の物質がただ混じり合うだけの物理変化である。

A079
鉄が錆びるのは、鉄が空気中の<u>酸素と化合</u>して酸化鉄（錆び）という別の物質になる<u>化学変化</u>である。

A080
燃焼とは、熱と光を出しながら激しく<u>酸化</u>する現象をいい、<u>酸化</u>はある物質が酸素と化合する化学変化である。

A081
このように、1つの物質が2種類以上の異なる物質に分かれる変化を<u>分解</u>という。<u>分解</u>は化合などとともに化学変化の1つである。

砂糖を水に完全に溶かすと砂糖水ができる現象は、物理変化である。

 ホースやパッキンなどに用いられる加硫ゴムが経年変化によって老化する現象は、物理変化によるものである。

 物質は純物質と化合物とに大別され、純物質は単体と混合物に分類される。

 酸素、ナトリウム、鉄、黒鉛、赤りんは、すべて単体である。

 空気、二酸化炭素、メタン、エタノール、ジエチルエーテルは、すべて化合物である。

 食塩は化合物だが、食塩水は混合物である。

 混合物は、混合している物質の割合によって、融点、沸点などの性質が変わる。

A082 砂糖が水に溶ける現象は溶解なので、物理変化である。砂糖が水と混じり合っているだけで、砂糖と水以外の別の物質になるわけではない。

 A083 加硫ゴムの老化（亀裂、強度の低下など）は、主に、空気中の酸素と結びつくことによる酸化が原因と考えられる。酸化は化学変化である。

 A084 物質はまず純物質と混合物に大別され、純物質がさらに単体と化合物に分類される。

 A085 単体とは1種類の元素だけでできている純物質をいう。黒鉛は炭素（C）、赤りんはりん（P）という1種類の元素でできている。

 A086 空気は窒素や酸素などが混じり合った混合物であり、化合物ではない。空気以外の4つの物質はすべて化合物である。

 A087 食塩（塩化ナトリウム）は塩素とナトリウムの化合物である。一方、食塩水は食塩が水に混じり合って溶解した混合物である。

 A088 純物質にはそれぞれ決まった密度、融点、沸点があるが、混合物は混合している物質の割合によって、密度、融点、沸点が変わる。

Q089 ろ紙によって、液体とそれに溶けていない固体が分けられるのは、物理変化である。

 Q090 液体と他の物質との混合物を加熱し、発生した気体を冷却して、これを純粋な液体として取り出す操作を、抽出という。

 Q091 原油からガソリンが分留（分別蒸留）されるのは、化学変化である。

 Q092 分離は物理変化であるが、分解は化学変化である。

 Q093 同一の元素からできた単体であるにもかかわらず、原子の結合状態が異なるために化学的性質が異なる物質のことを、同位体という。

 Q094 同素体の主な例として、ダイヤモンドと黒鉛、黄りんと赤りん、酸素とオゾンが挙げられる。

 Q095 同一の分子式を持つ化合物であるにもかかわらず、分子内の構造が異なるために性質が異なる物質のことを、異性体という。

A089 これは、ろ紙によって混合物を分離するろ過という操作である。分離は物理変化である。

A090 これは蒸留(じょうりゅう)の説明である。抽出(ちゅうしゅつ)とは、混合物に含まれている物質のうち目的の物質のみを液体に溶かし出して分離する操作をいう。

基礎的な物理学および基礎的な化学

A091 このように、2種類以上の液体の混合物を蒸留によってそれぞれの成分に分ける操作を、分留(ぶんりゅう)(分別蒸留)という。蒸留も分留も物理変化である。

A092 分離(ろ過、蒸留、分留、抽出、再結晶など)は物理変化である。一方、分解(電気分解など)は化学変化である。

A093 これは同素体の説明である。同位体とは、同じ元素の原子で原子番号が同じなのに、中性子の数が異なるために質量数が異なる原子のことをいう(例:水素と重水素)。

A094 たとえばダイヤモンドと黒鉛(こくえん)の場合、どちらも同じ炭素Cでできた単体であるが、原子の結合状態が異なるために化学的性質が異なる。 15

A095 たとえばノルマルブタンとイソブタンの場合、どちらも分子式はC_4H_{10}だが、分子内の構造が異なるために化学的性質が異なる。

すべての物質をつくる基本的成分は元素であり、どの元素もその正体は原子と呼ばれる小さな粒子である。

 原子の中心に存在する原子核は、(－) の電気を持つ陽子と、電気を帯びていない中性子で構成されている。

 元素ごとに決まっている原子番号は、その原子に含まれている陽子の数である。

 陽子の数と電子の数の和を、その原子の質量数という。

 元素を原子番号の順に並べると、化学的性質の似た元素が周期的に現れる。

 原子量とは、質量数12の酸素原子の質量を12と定め、これを基準として、それぞれの原子の質量がいくらになるかを示した値をいう。

 分子とは、いくつかの原子が結合した粒子であり、分子の質量の大小を示す値を分子量という。

原子の構造を理解し、原子量、なかでも重要な水素H＝1、炭素C＝12、酸素O＝16は覚えましょう。分子量や物質量もここで確実に理解しましょう。

3行ポイント

 A096 元素には水素、炭素など100以上の種類があり、水素はH、炭素はCというように、どの元素にもその種類を表す<u>元素記号（原子記号）</u>がある。

 A097 陽子は（＋）の電気を持つ。（－）の電気を持つのは<u>電子</u>であり、<u>電子</u>は<u>原子核</u>の周囲に存在している。

 A098 原子番号とはその原子の<u>陽子</u>の数である。また、1個の原子の中では陽子の数＝電子の数なので、原子番号は電子の数でもある。

 A099 質量数は<u>陽子</u>の数と中性子の数の和である。電子の質量は陽子や中性子の約1,840分の1しかないため、質量数は原子の質量を表す数といえる。

 A100 化学的性質の似た元素が周期的に現れる規則性を利用して、そうした元素が同じ<u>縦の列</u>に並ぶように配列した表のことを、元素の<u>周期表</u>という。

 A101 原子量は、酸素原子ではなく、<u>炭素原子</u>の質量を12としてこれを基準にしている。

 A102 分子量を求めるときは、その分子に含まれている原子の<u>原子量</u>を合計すればよい。

47

炭素（C）の原子量は12、酸素（O）の原子量は16なので、二酸化炭素CO_2の分子量は28である。

 水素（H）の原子量は1、酸素（O）の原子量は16なので、水H_2Oの分子量は18である。

 メタノールCH_3OHは分子量が32なので、メタノール1molは32g、2molは64gである。

 原子や分子については、$6.02×10^{23}$個の粒子をまとめて取り扱う。

 物質1molの質量は、その原子量または分子量にkgの単位をつけたものと等しくなる。

 水18g中には、$6.02×10^{23}$個の水の分子が含まれている。

 二酸化炭素は44g/molなので、二酸化炭素0.1molの質量は4.4gである。

A103 二酸化炭素CO_2の分子は、炭素原子<u>1</u>個と酸素原子<u>2</u>個が結合してできているので、分子量は12+16×2=44である。 ✕

A104 水H_2Oの分子は、水素原子<u>2</u>個と酸素原子<u>1</u>個が結合してできているので、分子量は1×2+16=18である。 ○

A105 <u>質量</u>（g）は<u>物質量</u>（モル(mol)）に比例するので、物質量が2倍になれば質量も2倍になる。 ○

A106 同一粒子6.02×10²³個の集団を<u>1モル（mol）</u>といい、<u>モル</u>を単位として表した物質の量を物質量という。 ○

A107 物質1 molを質量におきかえる際の単位は、kgではなくg。たとえば、水の分子量は18なので、水1 molは<u>18</u>gである。 ✕

A108 原子量や分子量にgをつけた質量の物質中には、すべて1 mol（6.02×10²³個）の<u>原子・分子</u>が含まれている。 ○

A109 物質1 mol当たりの質量を<u>モル質量</u>といい、原子量・分子量にg/molという単位をつける。1 mol当たり44gなので、0.1molは4.4gである。 ○

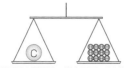
水素原子の質量は、炭素原子の12分の1

基礎的な物理学および基礎的な化学

49

重要ポイント
まとめて CHECK!!

Point 11　物理変化と化学変化

　水の三態（さんたい）のように、物質が温度や圧力の変化によって状態や形だけが変化することを物理変化といいます。

　また、物質がまったく別の物質に変化することを化学変化といいます。

❖物理変化の例

食塩水

- 食塩を水に溶かすと食塩水になる
- 金属製のバネが伸びる
- ドライアイスが気体の二酸化炭素になる
- 空気を圧縮すると発熱する

❖化学変化の例

- 紙と木が燃えて灰になった
- 水を電気分解すると、酸素と水素になった
- 鉄くぎが錆（さ）びて赤茶けてぼろぼろになった
- ダイナマイトが爆発した

Point 12　物質の種類

Point 13 元素と原子

　元素は物質をつくる基本的成分で、原子と呼ばれる小さな粒子からできています。原子の中心にある原子核は、陽子と中性子で構成されています。

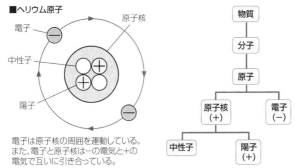

■ヘリウム原子

電子
原子核
中性子
陽子

電子は原子核の周囲を運動している。
また、電子と原子核は-の電気と+の
電気で互いに引き合っている。

物質

分子

原子

原子核
(+)

電子
(-)

中性子

陽子
(+)

　原子の質量はとても小さいので、炭素原子の質量を12と定め、これを基準にしてそれぞれの原子の質量がいくらになるのかを示したものが原子量です。

　また、分子は原子が結合した粒子で、分子量はそれぞれの原子の原子量を合計して求めます。

　水素の原子量は1、炭素は12、酸素は16なので
　水H_2Oの分子量＝1×2＋16＝18
　二酸化炭素CO_2＝12＋16×2＝44

　原子や分子の粒子は膨大な数になるので、6.02×10^{23}個をまとめて1モル（mol）として取り扱います。モルを単位として表す物質の量を物質量といいます。

　物質1molの質量は、その原子量や分子量にgをつけたものと等しくなります。水を例にすると、分子量は18なので、水1molは18gとなります。

Q110
ある物質に化学変化が起きても物質の質量の総和は一定である。この法則を、定比例の法則という。

 Q111
炭素12 gを完全燃焼させたところ、二酸化炭素が44 g発生した。この場合、炭素と結びついた酸素は32 gである。

 Q112
化合物を構成する成分元素の質量の比は、常に一定である。

 Q113
温度が一定のとき、一定量の気体の体積は圧力に比例する。

 Q114
圧力2気圧で体積12 Lの気体を容器に入れたところ、圧力が4気圧になった。温度を一定とすると、この容器の容積は6 Lであると考えられる。

 Q115
圧力1気圧で体積300 mLの酸素を150 mLまで圧縮した場合、温度を一定とすると、その圧力は0.5気圧になる。

 Q116
互いに反応しない2種類以上の気体を1つの容器に入れると、この混合気体の圧力はそれぞれの成分気体の圧力の平均値と等しくなる。

ボイルの法則やシャルルの法則は計算問題で出題され
やすい項目。アボガドロの法則も理解し、標準状態で
すべての気体1molは約22.4Lであることも覚えて。**3行ポイント**

 A110 設問の法則は<u>質量保存</u>の法則である。化学変化
によって原子の組合せは変わるが、原子の種類
と数は変わらないため質量の総和は一定とな
る。

 A111 炭素と結びついた酸素をXgとすると、<u>質量保</u>
<u>存</u>の法則より、12g+Xg=44gが成り立つ。
これを解いてX=<u>32</u>gとなる。

 A112 設問の法則を<u>定比例</u>の法則という。水の場合、
化合している水素と酸素の質量比は常に<u>1:8</u>
である。

 A113 温度が一定のとき、気体の体積は圧力に<u>反比例</u>
する（ボイルの法則）。 🎲 **16**

 A114 圧力が2倍になっているので、ボイルの法則よ
り、体積は$\frac{1}{2}$倍の<u>6</u>Lになることがわかる。

🎲 **16**

 A115 体積を$\frac{1}{2}$倍にすると、ボイルの法則より、圧
力は<u>2</u>倍の<u>2</u>気圧になる。 🎲 **16**

 A116 混合気体全体が示す圧力（全圧）は、それぞれ
の成分気体が示す圧力（分圧）の<u>和</u>と等しくな
る。これをドルトンの分圧の法則という。

基礎的な物理学および基礎的な化学

圧力が一定のとき、気体の体積は、温度が1℃下降するごとに0℃における体積の$\frac{1}{273}$ずつ収縮する。

 圧力が一定のとき、気体の体積は、温度が1℃上昇するごとに0℃における体積の$\frac{1}{273}$ずつ膨張する。

 圧力が一定である場合、気体の体積は絶対温度に反比例する。

 一定量の気体の体積は、圧力に反比例し、絶対温度に比例する。

 0℃、1気圧における気体1molの体積は、気体の種類によって異なる。

 理想気体とは、ボイルの法則やシャルルの法則に従わない気体のことをいう。

 理想気体は、絶対温度を0に近づけていくと、気体のまま体積が0に近づいていく。

A117 計算上は−273℃で気体の体積は0となる。−273℃を絶対0度といい、これを基準とした温度を絶対温度という。

 A118 温度が1℃上昇・下降するごとに気体の体積が0℃のときの体積の$\frac{1}{273}$ずつ膨張・収縮するという法則を、シャルルの法則という。📖 16

 A119 圧力一定のとき、気体の体積は絶対温度に比例する。これはシャルルの法則を絶対温度を用いて言い表したものである。📖 16

 A120 一定量の気体の体積は、圧力に反比例し、絶対温度に比例するという法則は、ボイルの法則とシャルルの法則をまとめたものであり、ボイル・シャルルの法則という。📖 16

 A121 すべての気体1 molの体積は、気体の種類には関係なく、0℃、1気圧(標準状態)においては約22.4Lを占める。これをアボガドロの法則という。

 A122 理想気体とは、ボイル・シャルルの法則に完全に従うものと仮定した気体をいう。

 A123 実際の気体(実在気体)では凝縮や凝固が起きるため、0に近づけようとしても、気体のまま体積が0になることはない。

基礎的な物理学および基礎的な化学

Q124 分子式は分子を構成する原子の種類と数を表す化学式であり、原子の数は元素記号の左側に書く。

 Q125 水の分子式H_2Oは、水素原子2個と酸素原子1個が結合して水の分子ができていることを示している。

 Q126 食塩（塩化ナトリウム）の分子式$NaCl$は、食塩の結晶中にナトリウム原子Naと塩素原子Clが同じ数ずつ存在することを示している。

 Q127 炭素や鉄については、それぞれの元素記号であるC、Feをそのまま組成式として使う。

 Q128 示性式とは、分子の中に含まれている官能基を区別して書いた化学式をいう。

 Q129 構造式とは、物質を構成する原子やイオンの数を最も簡単な整数比で表した化学式をいう。

 Q130 化学反応式では、反応する物質の化学式を式の左辺、生成する物質の化学式を式の右辺に書き、両辺を等号（＝）で結ぶ。

化学反応式の書き方や係数の働き、化学反応式が示す量的関係について確実に理解しておきましょう。量的関係はいろいろなことにかかわってきます。

3行ポイント

 A124 □□ 原子の数は元素記号の<u>右下</u>に書く。たとえば水素の分子は水素原子が2個結合してできているので、分子式ではH_2と表す。

 A125 □□ 原子の数は元素記号の右下に書くが、原子の数が<u>1</u>個の場合は<u>省略</u>する。したがって、H_2O_1とは書かない。

 A126 □□ NaClは分子式ではなく<u>組成式（そせいしき）</u>である。塩化ナトリウムのような分子を持たない物質は、分子式ではなく組成式で表す。

 A127 □□ 炭素や鉄は分子を持たず、1種類の原子が多数配列した物質なので、それぞれの<u>元素記号</u>C、Feを、数字をつけずそのまま<u>組成式</u>として使う。

 A128 □□ エタノールの分子式はC_2H_6Oだが、これに含まれるヒドロキシル基（−OH）を区別して<u>示性式（しせいしき）</u>で表すと、C_2H_5OHとなる。

 A129 □□ 物質を構成する原子やイオンの数を最も簡単な整数比で表した化学式は<u>組成式</u>。構造式は分子内での原子の結合の仕方を<u>価標（かひょう）</u>という短い直線で表した化学式である。

 A130 □□ 化学反応式の両辺は、等号ではなく<u>矢印（→）</u>で結ぶ。

化学反応式の左辺と右辺では原子の種類と数が同じでなければならず、両辺の原子の数を合わせるため、化学式の前に係数をつける。

 水素と酸素が化合して水ができる反応を化学反応式で表すと、$H_2 + O_2 \rightarrow H_2O$ となる。

 反応を促進するために加える触媒の化学式も、化学反応式の中に書く必要がある。

 メタンが燃焼して二酸化炭素と水蒸気を生成する反応は、$CH_4 + 2O_2 \rightarrow CO_2 + 2H_2O$ という化学反応式で表される。

 メタン1分子と酸素2分子が反応して、二酸化炭素1分子と水2分子が生成する。

 メタン分子1molと酸素分子2molが反応して、二酸化炭素分子1molと水分子2molが生成する。

 気体の化学反応を表す化学反応式であっても、その係数は、気体の体積比とは関係がない。

A131 化学反応式の係数は最も簡単な<u>整数比</u>になるようにし、数字の1は省略する。

 A132 両辺の酸素原子と水素原子の数がそれぞれ合うように<u>係数</u>をつけると、$2H_2 + O_2 \rightarrow 2H_2O$が正しい。

 A133 <u>触媒</u>のような化学反応の前後で変化しない物質については、化学反応式の中には書かない。

 A134 炭素C、水素H、酸素Oの<u>原子の数</u>は、化学反応式の両辺でそれぞれ等しくなっている。

 A135 メタンの燃焼を表すQ134の化学反応式の<u>係数</u>を見ると、それぞれの<u>分子</u>の数の比がわかる。

 A136 分子の数をそれぞれ6.02×10^{23}倍すると、化学反応式の係数は<u>物質量</u>（mol）の比を表すともいえる。

 A137 気体1mol当たりの体積は、標準状態ではすべて22.4Lである。したがって、気体の化学反応を表す化学反応式の場合、係数は物質量（mol）の比を表すと同時に気体の<u>体積比</u>も示している。

Lesson.5 熱化学反応と反応速度 ⇨ 速 P.60

熱の発生を伴う反応を発熱反応、熱の吸収を伴う反応を吸熱反応といい、このときに出入りする熱量を反応熱という。

化学反応に伴う反応熱には、燃焼熱、生成熱、分解熱、中和熱、凝固熱などの種類がある。

物質1molが完全燃焼するときに吸収する熱量を、燃焼熱という。

生成熱とは、化合物1molがその成分元素の単体から生成するときに発生または吸収する熱量をいう。

分解熱とは、化合物1molがその成分元素に分解するときに発生または吸収する熱量をいう。

酸と塩基の中和反応によって水1molを生成するときに吸収する熱量を、中和熱という。

吸熱反応の場合、反応物は熱を吸収することによってエネルギーの大きな物質に変化する。

60

熱化学方程式では、化学反応式に反応熱を記入し、左辺と右辺を等号（＝）で結びます。反応熱の＋と－を間違えないようにしましょう。

3行ポイント

基礎的な物理学および基礎的な化学

A138 反応熱は、反応の中心となる物質1モル(mol)当たりの<u>熱量</u>で表す（単位はkJ/mol）。

A139 <u>凝固熱</u>は、物質が液体から固体に状態変化するときに放出する熱であり、化学反応に伴う反応熱ではない。設問の正しい4つのほかには<u>溶解熱</u>が含まれる。

A140 燃焼熱は、物質1molが完全燃焼したとき<u>発生</u>する熱量である。<u>吸収</u>する熱量ではない。

A141 生成熱は、単体から化合物が生成されるときに<u>発生</u>または<u>吸収</u>される熱量である。

A142 反応熱のうち、<u>生成熱</u>、<u>分解熱</u>、<u>溶解熱</u>の3つには発熱と吸熱の両方がある。

A143 反応熱のうち、<u>燃焼熱</u>と<u>中和熱</u>の2つは<u>発熱</u>のみである。<u>吸収</u>する熱量ではない。

A144 設問とは逆に発熱反応であれば、反応物は熱を<u>放出</u>することによってエネルギーの<u>小さな</u>物質に変化する。

Q 145 熱化学方程式とは、化学反応式の中に反応熱を書き加え、両辺を等号（＝）で結んだ式をいう。

Q 146 反応熱は熱化学方程式の右辺に書き、吸熱反応の場合は＋の符号、発熱反応の場合は－の符号をつける。

Q 147 熱化学方程式 $C + O_2 = CO_2 + 394kJ$ より、 1 molの炭素が完全燃焼すると394kJの燃焼熱が発生することがわかる。

Q 148 熱化学方程式 $C + \frac{1}{2}O_2 = CO + 111kJ$ より、 1 molの炭素が不完全燃焼する場合は111kJの生成熱が発生することがわかる。

Q 149 熱化学方程式 $H_2 + \frac{1}{2}O_2 = H_2O$ （液）＋286kJより、1 molの水素が完全燃焼して水蒸気が生成し、286kJの燃焼熱が発生することがわかる。

Q 150 熱化学方程式 $H_2 + \frac{1}{2}O_2 = H_2O$ （液）＋286kJより、発生した熱量が572kJであったとすると、完全燃焼した水素は 2 molと考えられる。

Q 151 熱化学方程式 $H_2 + \frac{1}{2}O_2 = H_2O$ （気）＋242kJより、水素 1 gが完全燃焼すると242kJの燃焼熱が発生する（ただし、水素の分子量＝ 2 ）。

A145 熱化学方程式の両辺が等号で結ばれるのは、両辺の<u>エネルギー</u>が等しいことを意味している。

 A146 発熱反応の場合が<u>＋</u>の符号で、吸熱反応の場合に<u>－</u>の符号をつける。

 A147 C＋O₂＝CO₂＋394kJは、炭素１molが酸素１molと化合して<u>完全燃焼</u>し、１molの二酸化炭素が生成するとともに394kJの<u>燃焼熱</u>が発生することを示している。

 A148 生成する物質が<u>一酸化炭素</u>COなので、この式は炭素の<u>不完全燃焼</u>を表している。また、完全燃焼ではないため燃焼熱とはいわない。

 A149 H₂Oに（液）と付記されているため、<u>液体の水</u>が生成している。なお、水素の完全燃焼で水蒸気が生成する場合の燃焼熱は242kJである。

 A150 １molの水素が完全燃焼して286kJ発生するのだから、熱量が２倍の572kJ発生した場合は、水素も<u>２</u>倍の<u>２mol</u>であったと考えられる。

 A151 水素H₂の分子量は２なので、水素１mol＝<u>２</u>gである。したがって、水素１gは$\frac{1}{2}$molであり、発生する燃焼熱も$\frac{1}{2}$の121kJとなる。

基礎的な物理学および基礎的な化学

Q152 化学反応の速さ（反応速度）は、反応する粒子が互いに衝突する頻度が高くなるほど遅くなる。

 Q153 活性化エネルギーとは、活性化状態になるときに必要な最小限のエネルギーのことである。

 Q154 触媒（正触媒）は、活性化エネルギーを上げる働きをすることによって反応速度を速くする。

 Q155 反応物の濃度が高いと、反応速度は速くなる。

 Q156 温度が10℃上昇するごとに反応速度が2倍になる物質があり、その温度が10℃から50℃になったとすると、反応速度は16倍になる。

 Q157 可逆反応が化学平衡の状態（平衡状態）にある場合、ある成分の濃度を増やすと、その成分の濃度を減少させる方向に平衡が移動する。

 Q158 可逆反応が化学平衡の状態（平衡状態）にある場合、温度を下げると、吸熱反応の方向に平衡が移動する。

A152 化学反応が起こるには、反応する粒子どうしが互いに衝突する必要があり、この衝突の頻度が高くなるほど反応速度は速くなる。

A153 一般に、反応物から生成物へと変化するためには、一定の高いエネルギー状態（活性化状態）を超える必要があり、そのために必要な最小限のエネルギーを活性化エネルギーという。

A154 正触媒は、活性化エネルギーを下げる働きをする。これにより活性化エネルギーの小さい経路で化学反応が進むため、反応速度が速くなる。

A155 濃度、圧力、温度が高いほど、粒子の衝突頻度が高くなるため、反応速度は速くなる。

A156 10℃から20℃→2倍になる。
20℃から30℃→2倍の2倍で4倍。
30℃から40℃→4倍の2倍で8倍。
40℃から50℃→8倍の2倍で16倍になる。

A157 可逆反応が平衡状態にある場合に、反応の条件（濃度、圧力、温度）を変えると、その変化を打ち消す方向へと平衡が移動する。この原理をル・シャトリエの法則という。

A158 温度を下げた場合は、それを打ち消すために、発熱反応の方向に平衡が移動する（温度を上げた場合は、吸熱反応の方向に移動する）。

重要ポイント まとめて CHECK!!

Point 14　化学の基本法則　　🎲 16

❖**質量保存の法則**

　化学変化によっ
てまったく別の物
質に変化しても、

炭素12gと酸素32gが化合　→　二酸化炭素44gが発生

C + O O → O C O

　変化前の質量　　　　　　　　変化後の質量
12g+32g(16g×2)=44g　　　　　　44g

変化後の物質の質量は変化前の質量と変わりません。

❖**ボイル・シャルルの法則**

　一定量の気体の体積（V）は、圧力（P）に反比例し、
絶対温度（T）に比例します。この法則は、ボイルの法則
とシャルルの法則を1つにまとめたものであり、次の式
で表されます。

$$気体の体積（V）= k × \frac{絶対温度（T）}{圧力（P）}　（kは定数）$$

❖**アボガドロの法則**

　すべての気体1molの体積は、気体の種類に関係なく、
0℃1気圧（標準状態）において22.4Lを占めます。

Point 15　化学式と化学反応式

　水H_2O、エタノールC_2H_5OHのように、元素記号を組み
合わせて物質の構造を表したものを化学式といいます。
化学式には①原子の種類と数を表す分子式、②原子やイ
オンの数の割合を最も簡単な整数比で表す組成式、③分
子に含まれる官能基を区別した示性式、④原子の結合を
直線で表す構造式があります。

例 酢酸	①分子式	②組成式	③示性式	④構造式
	$C_2H_4O_2$	CH_2O	CH_3COOH	

④構造式:
$$H-\overset{\displaystyle \overset{H}{|}}{\underset{\displaystyle \underset{H}{|}}{C}}-C\overset{\displaystyle O}{\underset{\displaystyle O-H}{\diagup}}$$

※②組成式は、本来は、「$2CH_2O$」となりますが、「最も簡単な整数の比」ということで、係数の2が1になって、1は表示されていません。

化学式を使って化学変化を表す式を化学反応式といいます。

反応する物質		生成する物質
$2H_2 + 1O_2$	→	$2H_2O$
係数（1は省略）		

※酸素の分子式はO_2なので、→の右のH_2Oの全体に係数2をつけることで→の左右を揃えています。

Point 16 反応熱と熱化学

熱を発生する変化を発熱反応、熱を吸収する変化を吸熱反応といい、このとき出入りする熱量のことを反応熱といいます。物質1mol当たりの熱量で表し、単位は、kJ/mol。反応熱には次の種類があります。

燃焼熱	物質1molが完全燃焼したときに発生する熱量
生成熱	化合物1molが、その成分元素の単体から生成するときに発生または吸収する熱量
分解熱	化合物1molが、その成分元素に分解するときに発生または吸収する熱量
中和熱	酸と塩基の中和反応によって水1molを生成するときに発生する熱量
溶解熱	物質1molを溶媒に溶かすときに発生または吸収する熱量

反応熱は、反応の最初と最後の状態で決まり、途中の経路には関係しないという法則をヘスの法則といいます。

液体（溶媒）に他の物質が溶けて均一な液体になることを溶解といい、溶解によって得られる均一な液体を溶液という。

 溶媒に溶けている物質を溶質といい、溶媒が常に液体であるのに対し、溶質は固体に限られる。

 溶媒100gに溶解する溶質の最大量（g）のことを、その溶質のその温度における溶解度という。

 固体の溶解度は、一般的に温度が高くなるほど小さくなる。

 気体の溶解度は、温度が高くなるほど、小さくなる。

 質量％濃度とは、溶液全体の質量に対し、溶質の質量が何％を占めるかによって表した濃度である。

 水100gに塩化ナトリウムを20g溶かした溶液の質量％濃度は、20％である。

溶液＝溶媒＋溶質の関係をしっかり押さえましょう。溶液の濃度を求める計算や、モル凝固点降下などが出題されやすい項目です。

3行ポイント

A159 溶媒が水である溶液を特に<u>水溶液</u>という。また、溶媒がエタノールである溶液をエタノール溶液という。 **O**

A160 溶質は<u>固体</u>に限らず、<u>液体</u>や<u>気体</u>の場合もある。 **X**

A161 溶質は溶媒の中に限りなく溶けるわけではなく、一定量の溶媒に対し溶ける量に限度がある。この限度量が<u>溶解度</u>である。 **O**

A162 固体や液体が溶質の場合は、温度が<u>高く</u>なると一般的に溶解度は<u>大きく</u>なる。 **X**

A163 気体が溶質の場合は、温度が<u>高く</u>なると溶解度は<u>小さく</u>なる。 **O**

A164 質量％濃度は、溶質の質量を<u>溶液全体</u>の質量で割り、100をかけることによって求める。 **O**
🎲 17

A165 溶液全体の質量は（<u>溶媒</u>＋<u>溶質</u>）の質量であり、100 g＋20 g＝120 g。したがって質量％濃度は、20÷120＝0.166…＝約16.7％である。 **X**

モル濃度は、溶液１L中に何molの溶質が溶けているかを表した濃度である。

 質量モル濃度は、溶液１kg中に何molの溶質が溶けているかを表した濃度である。

 純溶媒に不揮発性物質を溶かした溶液の蒸気圧は、純溶媒の蒸気圧よりも低くなる。

 不揮発性物質が溶け込んだ溶液は、純溶媒よりも沸点が高くなる。

 不揮発性物質が溶けている溶液と、純溶媒との蒸気圧の差は、溶液の質量モル濃度に反比例する。

 不揮発性物質を溶かした溶液は、純溶媒よりも凝固点が低くなる。

 薄い非電解質溶液の沸点上昇度と凝固点降下度は、溶質の種類とは関係なく、いずれも溶液の質量モル濃度に比例する。

A166 モル濃度は、溶質の物質量（mol）を溶液全体の体積（L）で割ることによって求める。単位はmol/Lである。📖18

 A167 質量モル濃度は、溶液ではなく溶媒1kg中に、何molの溶質が溶けているかを表した濃度である。単位はmol/kgである。

 A168 不揮発性物質を溶かした溶液では、溶液全体の粒子の数に対する溶媒分子の数の割合が減り、その結果、液面から蒸発する溶媒分子が減るため、純溶媒よりも蒸気圧が低くなる。

 A169 不揮発性物質が溶け込んだ溶液は蒸気圧が低くなるので、蒸気圧が大気圧と等しくなるまでにより多くの熱エネルギーが必要となることから沸点が高くなる。この現象を沸点上昇という。

 A170 不揮発性物質が溶けた溶液と純溶媒との蒸気圧の差は、溶けている不揮発性物質（溶質）の量が多いほど大きくなる。質量モル濃度に反比例するというのは誤り。

 A171 この現象を凝固点降下という。たとえば、食塩を溶かした水溶液（食塩水）では、凝固点が0℃よりも低くなる。

 A172 これをラウールの法則という。

基礎的な物理学および基礎的な化学

塩酸のように、水溶液中でH⁺（水素イオン）を
生じる物質を酸という。

 酸には、亜鉛や鉄などの金属を溶かして酸素を
発生するという性質がある。

 酸には、赤色のリトマス試験紙を青色に変える
性質がある。

 水に溶けると電離してOH⁻（水酸化物イオン）
を生じる物質を塩基という。

 中和とは、酸と塩基が反応して塩（えん）と水
が生じることをいう。

 水素イオン指数（pH）が7よりも小さく、0に
近づくほど塩基性が強くなる。

---

 pH＝4、pH＝6、pH＝8、pH＝12の4つの水
溶液のうち、酸性であって最も中性に近いのは、
pH＝6の水溶液である。

酸と塩基の性質をしっかり覚えましょう。中和の定義も重要です。水素イオン指数（pH）の値から、酸性と塩基性の強弱を判断できるようになりましょう。

3行ポイント

A 173 物質が水溶液の中で（＋）と（ー）のイオンに分かれることを<u>電離</u>という。塩酸は次のように電離している。HCl → <u>H⁺</u>＋Cl⁻

A 174 酸が金属を溶かしたとき発生するのは、酸素ではなく、<u>水素</u>である。

A 175 酸は、<u>青</u>色のリトマス試験紙を<u>赤</u>色に変える。一方、<u>赤</u>色のリトマス試験紙を<u>青</u>色に変えるのは塩基の性質である。 🍓 19

A 176 塩基は、酸と反応して酸の性質を弱めるほか、フェノールフタレイン液を無色から<u>赤</u>色に変える性質などもある。また、塩基を含んだ水溶液の性質を、塩基性または<u>アルカリ</u>性という。

A 177 酸から生じる<u>H⁺</u>と塩基から生じる<u>OH⁻</u>の量が等しくなったとき、<u>中和</u>は完了する。

A 178 pH＜7で0に近づくほど<u>酸性</u>が強くなる。これに対して、pH＞7で14に近づくほど<u>塩基性</u>が強くなる。 🍓 20

A 179 水溶液中のH⁺とOH⁻の量が等しいときを<u>中性</u>といい、pH＝<u>7</u>になる。酸性はpH<u>＜</u>7なので、中性に最も近いのはpH＝6の水溶液である。

基礎的な物理学および基礎的な化学

Q180 物質が酸素と化合して酸化物になる化学変化を「酸化」という。

 Q181 物質が水素と化合したり、電子を受け取ったりする反応も「酸化」という。

 Q182 酸化物が酸素を失ったり、物質が水素と化合したりする反応は「還元」という。

 Q183 同一反応系において、酸化と還元が同時に起こることはない。

 Q184 酸化剤は、自らが酸化するのではなく、相手の物質を酸化させる（自らは還元される）物質である。

 Q185 還元剤には、ほかの物質から水素を奪う性質がある。

 Q186 $2CuO + C \rightarrow 2Cu + CO_2$という反応において、酸化銅$CuO$は酸化剤であり、炭素$C$は還元剤となっている。

酸化と還元それぞれの定義を正確に理解しましょう。
また、酸化剤と還元剤の性質は、混乱しやすいので、
表にまとめるなどしてしっかり覚えましょう。

3行ポイント

 A180 ガソリンの<u>燃焼</u>によって二酸化炭素と水蒸気が
発生したり、鉄が<u>錆</u>びてぼろぼろになったりす
る変化は、<u>酸化</u>の例である。

 A181 物質が<u>酸素</u>と化合する反応だけでなく、<u>水素</u>を
失ったり、<u>電子</u>を失ったりする反応も「酸化」
とされている。 🔖 **21**

 A182 酸化物が<u>酸素</u>を失う反応のほかに、物質が<u>水素</u>
と化合したり、<u>電子</u>を受け取ったりする反応も
「還元」である。

 A183 １つの反応において、一方の物質が酸化される
とき、もう一方の物質は還元されているのだか
ら、酸化と還元は常に<u>同時</u>に起きている。これ
を<u>酸化還元反応</u>という。

 A184 <u>酸化剤</u>は、相手の物質に酸素を与えたり、相手
から水素や電子を奪うことによって、その相手
を<u>酸化</u>させる物質である。それによって自らは
<u>還元</u>されている。

 A185 ほかの物質から水素を奪う（＝その物質を酸化
させる）のは<u>酸化剤</u>である。これに対し、<u>還元</u>
<u>剤</u>にはほかの物質に水素を与える性質がある。

 A186 酸化銅CuOは、炭素Cに酸素を与えているので
<u>酸化剤</u>である。一方、炭素Cは酸化銅CuOから
酸素を奪っているので、<u>還元剤</u>である。

基礎的な物理学および基礎的な化学

重要ポイント
まとめて CHECK!!

Point 17 溶液

　水に食塩を溶かしてできた食塩水では、
溶媒（水）＋溶質（食塩）→溶液（食塩水）となります。

　100gの溶媒に溶ける溶質の最大
量（g）を溶解度といい、一般に、
固体の溶解度は温度が高くなると
大きくなります。

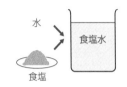

　純溶媒に食塩などの不揮発性の
物質を溶かした溶液の蒸気圧は、純溶媒の蒸気圧よりも
低くなります。このため、蒸気圧が大気圧と等しくなる
までにより多くの熱エネルギーが必要となるので、沸点
が高くなります。これを沸点上昇といいます。

Point 18 酸と塩基（アルカリ）   19・20・21

　塩酸のように、水溶液中で電離してH^+（水素イオン）
を生じる物質を酸といいます。また、水酸化ナトリウム
のように、水溶液中で電離してOH^-（水酸化物イオン）
を生じる物質を塩基（アルカリ）といいます。

	酸	塩基
生じるイオン	水素イオンH^+	水酸化物イオンOH^-
リトマスの色	青色 → 赤色	赤色 → 青色
水溶液の性質	酸性	塩基性（アルカリ性）
pH	7より小さい	7より大きい

Point 19 酸化と還元

　マグネシウムが燃えるときには空気中の酸素と結びついて酸化マグネシウムになります。このように、物質が酸素と化合して酸化物になる変化を**酸化**といいます。

$$\underset{\text{マグネシウム}}{2Mg} \; + \; \underset{\text{酸素}}{O_2} \; \rightarrow \; \underset{\text{酸化マグネシウム}}{2MgO}$$

　酸化物が酸素を失う変化を**還元**といいます。酸化銅は炭素によって還元され、銅になります。

$$\underset{\text{酸化銅}}{2CuO} \; + \; \underset{\text{炭素}}{C} \; \rightarrow \; \underset{\text{銅}}{2Cu} \; + \; \underset{\text{二酸化炭素}}{CO_2}$$

　このとき炭素は、酸素と化合して二酸化炭素になっているので酸化しています。このことから、1つの反応で酸化と還元は同時に起きることがわかります（下図）。

$$\overset{\text{酸化}}{\underset{\text{還元}}{2CuO \; + \; C \; \rightarrow \; 2Cu \; + \; CO_2}}$$

Point 20 酸化剤と還元剤

　ほかの物質を酸化させる物質（自分は還元される）を**酸化剤**といいます。一方、ほかの物質を還元させる物質（自分は酸化される）を**還元剤**といいます。

酸化剤	還元剤
相手を酸化させる	相手を還元させる
相手に酸素を与える	相手から酸素を奪う
相手から水素を奪う	相手に水素を与える
相手から電子を奪う	相手に電子を与える
自分は還元される	自分は酸化される

基礎的な物理学および基礎的な化学

周期表の17族典型元素であるハロゲンは、1価の陰イオンになりやすい性質を持っている。

 周期表の左側にある約80種類（水素を除く）の元素は、熱や電気を通しにくいなど金属としての特性を持つため、金属元素と呼ばれる。

 金属は不燃性であり、火災危険の対象にはならない。

 一般に、比重が4以下の金属を軽金属、4より大きい金属を重金属と呼ぶ。

 金属には、常温（20℃）において液体のものは存在しない。

 カリウム、銀、銅、鉄のうち、イオン化傾向が最も大きいのは、カリウムである。

 配管が鉄製の場合、鉄よりイオン化傾向の大きいアルミニウムなどと接続すれば、配管の腐食を防ぐことができる。

金属の腐食の原因や、腐食防止方法など、金属の性質やイオン化傾向を理解して。17族元素のハロゲンは消火薬剤として利用されます。

3行 ポイント

 A187 17族のフッ素F、塩素Cl、臭素Br、ヨウ素Iなどの元素を<u>ハロゲン</u>という。Cl⁻のように－1のイオン（1価の陰イオン）になりやすい。

 A188 金属は熱や電気を通しやすい。また、<u>金属光沢</u>があり、たたくと広がり（<u>展性</u>）、引っ張ると延びる（<u>延性</u>）などの特性を持つ。☞ **23**

 A189 金属が<u>粉末状</u>になると、表面積が増大して酸化されやすくなり、また、熱伝導率も小さくなるので燃焼の危険が生じる。このため、<u>鉄粉・金属粉</u>は第2類危険物に指定されている。

 A190 軽金属は比重≦4、重金属は比重＞4。軽金属のうち、比重が1より小さいナトリウムNaやカリウムKなどは水に浮く。

 A191 <u>水銀Hg</u>は融点が－38.8℃なので、常温において液体である。

 A192 陽イオンになろうとする性質を<u>イオン化傾向</u>といい、これが大きいほど陽イオンになりやすい。設問の金属では、カリウム＞鉄＞銅＞銀の順に<u>イオン化傾向</u>が大きい。☞ **22**

 A193 イオン化傾向の<u>大きい</u>金属の方が陽イオン化して腐食する（酸化する＝錆びる）ため、イオン化傾向の<u>小さい</u>方の金属の腐食が防げる。☞ **22**

基礎的な物理学および基礎的な化学

Q194 一般に炭素の化合物を無機化合物といい、それ以外の化合物を有機化合物という。

 Q195 有機化合物は、鎖式化合物と環式化合物の2つに大別される。

 Q196 有機化合物の成分元素は、主に炭素C、窒素N、カルシウムCaである。

 Q197 有機化合物の多くは、完全燃焼すると二酸化炭素と水蒸気を発生する。

 Q198 有機化合物は、水に溶けにくいものが多い。

 Q199 無機化合物と比べて、有機化合物は一般に融点が高い。

 Q200 危険物の中に、有機化合物は含まれていない。

有機化合物の官能基および官能基の特有な化学的性質、代表的な物質名を覚えましょう。第4類危険物には有機化合物を含むものが多く存在します。

3行ポイント

 A194 炭素の化合物が有機化合物である。ただし、炭素の化合物でも、一酸化炭素や二酸化炭素のように無機化合物に分類される物質もある。

 A195 有機化合物は、分子が鎖のような結びつき方をしている鎖式化合物と、環状の構造を持つ環式化合物とに大別される。

 A196 有機化合物の主な成分元素は、炭素C、水素H、酸素Oであり、そのほかに窒素N、硫黄Sなどがある。

 A197 有機化合物が完全燃焼した場合は、成分元素の炭素Cと水素Hがそれぞれ酸素Oと化合して、二酸化炭素CO_2*と水蒸気H_2Oを生じる。
＊不完全燃焼の場合は一酸化炭素COを生じる

 A198 有機化合物は一般に水に溶けにくく、有機溶剤（アルコール、アセトン、ジエチルエーテルなど。有機溶媒ともいう）にはよく溶ける。

 A199 一般に、有機化合物は融点が低く、無機化合物の方が融点は高い。

 A200 第4類危険物は、ほとんどが有機化合物またはその混合物である。

基礎的な物理学および基礎的な化学

重要ポイント まとめて CHECK!!

Point 21 イオン化傾向（イオン化列）

　金属には、電子を失って陽イオンになろうとする性質があります。これを**イオン化傾向**といいます。イオン化傾向の大きさは金属によって異なり、大きい順に左から並べたものを**イオン化列**といいます。

大 ←						イオン化傾向								→ 小
K	Ca	Na	Mg	Al	Zn	Fe	Ni	Sn	Pb	(H)	Cu	Hg	Ag	Pt	Au
借りょ	か	な	ま	あ	あ	て	に	す	な	ひ	ど	す	ぎる	借	金
カリウム	カルシウム	ナトリウム	マグネシウム	アルミニウム	亜鉛	鉄	ニッケル	スズ	鉛	水素	銅	水銀	銀	白金	金

←陽イオンになりやすい
　溶けやすい
　錆びやすい

陽イオン　陽イオン

陽イオンになりにくい→
溶けにくい
錆びにくい

＊カリウムKよりもイオン化傾向が大きいものとして、リチウムLiがある。

Point 22 金属の腐食

金属の腐食が進みやすい環境
①湿度が高いなど、水分の存在する場所（水分により腐食する）
②乾燥した土と湿った土など、**土質が異なっている場所**
③酸性が高い土中などの場所（酸により腐食する）
④中性化が進んだ（アルカリ性でない）**コンクリート内**
⑤限度以上の塩分（塩化物イオンCl⁻）が存在する場所
⑥異種金属が接触（接続）している場所
⑦直流電気鉄道の近くなど、迷走電流が流れている場所

Point 23 有機化合物と無機化合物

　分子内に炭素Cを含んでいる化合物を有機化合物といいます（一酸化炭素、二酸化炭素など一部を除く）。

　有機化合物以外の化合物は無機化合物といいます。

　有機化合物は、炭素原子の結合の仕方（炭素骨格）によって次のように分類されます。

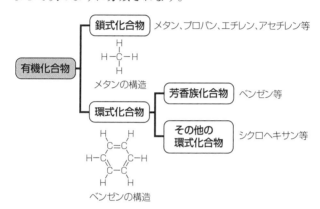

　有機化合物を構成する主な成分元素は炭素C、水素H、酸素Oで、そのほかに窒素N、硫黄Sなどがあります。

　有機化合物は2,000万種類にも達するといわれます。

	有機化合物	無機化合物
成分元素	主にC、H、O （ほかにN、Sなど）	すべての元素
種類の数	約2,000万種類	5〜6万種類
溶解性	水に溶けにくい	水に溶けやすいものが多い
融点・沸点	一般に低いものが多い	一般に高いものが多い

第3章　燃焼理論

Lesson.1 燃焼の定義と原理　　　⇨ 速 P.85

 鉄が錆びるのは酸化であるから、この現象は燃焼であるといえる。

 燃焼の3要素には、①可燃物、②酸素供給源、③点火源があり、これらが同時に存在しなくてはならない。

 空気中の酸素濃度が高くなると燃焼は激しくなるが、逆に酸素濃度がおおむね14%以下になると燃焼は継続しなくなる。

 液面から蒸発した可燃性蒸気が空気と混合し、点火源により燃焼することを蒸発燃焼といい、ガソリンや灯油も蒸発燃焼をする。

 引火性液体を噴霧状にすると、液体のときより燃焼しにくくなる。

 危険物の体膨張率は、発熱量や熱伝導率などに比べて燃焼のしやすさへの影響が大きい。

燃焼の定義および燃焼に必要な条件を覚えましょう。燃焼の種類も可燃物の形状によって異なります。第4類危険物は液体なので、すべて蒸発燃焼です。

 物質が酸素と結びつくことを酸化というが、このうち熱と光が発生するものを燃焼という。

 ①可燃物、②酸素供給源、③点火源の1つでも欠ければ燃焼は起きないので、消火のためにはどれか1つを取り除けばよい。🎲24

 物質の種類によって燃焼に必要な限界酸素濃度は異なるが、酸素濃度がおおむね14%以下になると燃焼は継続しなくなる。

 第4類危険物はすべて液体で可燃性蒸気を発生するため、すべて蒸発燃焼をする。🎲25

 引火性液体を噴霧状にすると、表面積が大きくなって酸素との接触面積が増えるので、燃えやすくなる。また、噴霧状にすると蒸発しやすくなるので、可燃性蒸気にもなりやすい。

 燃焼のしやすさへの影響が大きいものとして、発熱量、熱伝導率、乾燥度（＝含水量）、空気との接触面積、引火点、発火点、燃焼範囲などがある。体膨張率は直接関係がない。

基礎的な物理学および基礎的な化学

酸素は、空気中の約21%を占める気体であるが、実験室では、過酸化水素水を分解することによってつくられる。

 気体の酸素は無色であるが、液体酸素は淡黄色をしている。

 酸素は、鉄、亜鉛、アルミニウムなどの金属と反応するが、貴金属や希ガス元素などとは反応しない。

 酸素は、窒素と激しく反応する。

 一酸化炭素は、可燃物であり、空気中で点火すると赤い炎をあげて燃焼する。

 一酸化炭素は、有機物が不完全燃焼することによって生じる。

 一酸化炭素は、二酸化炭素の酸化によって生成される。

A207 酸素は空気（大気）中に約21％含まれている。実験室では、触媒を利用して、過酸化水素水を分解してつくられる。

 A208 酸素は、常温・常圧では無色の気体であるが、液体酸素は淡青色である。

 A209 酸素は、鉄などの金属と直接反応して酸化物をつくるほか、ほとんどの元素と反応する。しかし、金などの貴金属や希ガス元素（ヘリウム、ネオンなど）とは反応しない。

 A210 窒素は不燃物であり、燃焼（酸素との化合）には関与しない物質である。酸素は窒素とは反応しない。

 A211 一酸化炭素に点火すると青白い炎をあげて燃焼する（可燃物）。一酸化炭素が完全燃焼すると、二酸化炭素になる。

 A212 一酸化炭素は有機物の不完全燃焼によって生じる無色透明で無臭の気体である。また、人体にとって非常に有毒な物質である。

 A213 二酸化炭素が一酸化炭素の酸化により生成される。なお、二酸化炭素は、有機物や一酸化炭素の完全燃焼によって生じる物質であり、十分な酸素と化合しているため不燃物である。

基礎的な物理学および基礎的な化学

可燃性蒸気は一定の濃度以上になれば、点火源さえあれば燃焼する。

可燃性蒸気の濃度とは、空気との混合気体の中にその蒸気が何%含まれているかを容量%で表す。

燃焼範囲の下限値が低く、燃焼範囲の幅が狭いものほど危険性が高い。

燃焼範囲1.4〜7.6vol%の蒸気では、蒸気1.3Ｌと空気98.7Ｌの混合気体に点火すると燃焼する。

可燃性液体が、引火するのに必要な濃度の蒸気を発生する最低の液温を引火点という。

発火点とは、点火源を与えることで物質そのものが燃焼しはじめる最低の温度をいう。

ある引火性液体の引火点が4.4℃ということは、引火するのに十分な濃度の蒸気を液面上に発生する最低の液温が4.4℃ということである。

ガソリン、灯油、軽油などの可燃性蒸気の燃焼範囲を
覚えましょう。引火点と発火点の違いや、主な第4類
危険物の引火点・発火点も確実に暗記して。

A214 可燃性蒸気が燃焼する<u>濃度の範囲</u>がある。蒸気
が薄すぎても、濃すぎても燃焼しなくなる。<u>燃
焼範囲</u>は蒸気ごとに決まっている。

A215 可燃性蒸気の濃度は、「<u>蒸気の体積（L）</u>÷〔蒸
<u>気の体積（L）</u>＋<u>空気の体積（L）</u>〕×100」
で計算し、vol%と表示されることが多い。

A216 燃焼範囲の下限値が<u>低い</u>ものほど、また、燃焼
範囲の幅が<u>広い</u>ものほど、危険性は高くなる。

A217 可燃性蒸気の濃度は、1.3÷（1.3＋98.7）×
100＝1.3vol%となり、<u>下限値</u>の1.4vol%より
低いため燃焼しない。

A218 引火点は物質ごとに異なり、引火点が<u>低い</u>物質
ほど危険性が<u>高くなる</u>。引火した後、燃焼し続
けるのに必要な最低の温度は<u>燃焼点</u>といい、一
般に引火点より10℃ほど高めである。

A219 引火点は点火源が必要だが、発火点は点火源を
<u>必要とせず</u>、物質そのものが発火し燃焼する。

A220 引火点が4.4℃ということは、引火するのに十
分な濃度の蒸気を液面上に発生する<u>最低の液温</u>
が4.4℃ということである。

基礎的な物理学および基礎的な化学

自然発火・混合危険・爆発 ⇨ 運P.94

 物質が空気中で自然に発熱し、その熱が蓄積されて発火点に達し、やがて燃焼する現象を自然発火という。

 分解熱によって自然発火を起こすものには、乾性油や石炭などがある。

 風通しのよい場所では自然発火が起こりやすい。

 酸化性物質と還元性物質が混合すると、すぐ発火するもの、加熱や衝撃を加えると発火・爆発するものなどがある。

 アンモニアと塩素で生じる塩化窒素は、衝撃によって爆発する。

 通常は燃えにくい小麦粉や鉄粉も、密閉空間で飛散させて着火すると爆発する。

第4類危険物は還元性物質であるため、酸化性物質との接触や、混合によって発火、爆発するおそれがあります。混合危険の組合せを確認しておきましょう。

3行ポイント

 A221 □□ 自然発火の原因には、<u>酸化熱</u>、<u>分解熱</u>、吸着熱、微生物による発熱等がある。熱の蓄積を防ぐことが自然発火の予防につながる。

 A222 □□ 分解熱により自然発火を起こすものには<u>セルロイド</u>やニトロセルロースなどがある。<u>乾性</u>油や石炭は<u>酸化熱</u>による発熱から自然発火する。

 A223 □□ 通風によって<u>冷却</u>することで熱の蓄積を防ぐことができる。また、<u>粉末</u>状や薄い<u>シート</u>状のものを<u>堆積</u>することでも蓄熱しやすくなるため、このような状態での貯蔵は避ける。

 A224 □□ 酸化性物質には<u>第1類</u>危険物と<u>第6類</u>危険物があり、還元性物質には<u>第2類</u>危険物と<u>第4類</u>危険物がある。これらを混合すると発火・爆発の危険が生じる。🌼**26**

 A225 □□ 敏感な爆発性物質をつくる<u>混合危険</u>には、設問文のほか、<u>よう化窒素</u>が生じるアンモニアとヨードチンキの接触などがある。

 A226 □□ 物質が粉じんとなって空気中に浮遊する状態で着火すると、<u>粉じん爆発</u>を起こす。粉じん爆発にも燃焼（爆発）範囲がある。また、粉じん爆発は、爆発時の<u>発生熱量</u>が大きいが、<u>不完全</u>燃焼となりやすい。

基礎的な物理学および基礎的な化学

Point 24 燃焼の種類 25

物質が酸素と結びつくことを酸化といい、酸化のうち、熱と光が発生するものを燃焼といいます。

❖固体の燃焼

- 固体の表面だけが燃え、蒸発も熱分解もしない。炎は出ない。

  ➡ 表面燃焼

  例木炭、コークス

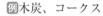

- 可燃物が加熱されて熱分解し、そのとき発生した可燃性蒸気が燃える。炎が出る。 ➡ 分解燃焼

  例木材、石炭、プラスチック

- 分解燃焼のうち、可燃物自体に含まれる酸素によって燃える。 ➡ 自己燃焼(内部燃焼)

  例セルロイド、ニトロセルロース

- 加熱された固体が熱分解せず蒸発して、その蒸気が燃える。 ➡ 固体の蒸発燃焼

  例硫黄、ナフタリン

❖液体の燃焼

- 液体そのものが燃えるのではなく、液面から蒸発した可燃性蒸気が空気と混合して点火源により燃焼する。 ➡ 蒸発燃焼

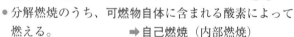

液面

ガソリン

液体そのものが燃えるわけではないので、炎と液面の間にわずかなすきまができる

Point 25 燃焼範囲と引火点・発火点

❖燃焼範囲

可燃性蒸気が燃焼できる一定の濃度の範囲を**燃焼範囲**（爆発範囲）といいます。可燃性蒸気の濃度は、空気との混合気体の中にその蒸気が何%含まれているかを容量%で表します。

$$可燃性蒸気の濃度(vol\%)=\frac{蒸気の体積（L）}{蒸気の体積（L）＋空気の体積（L）}×100$$

❖引火点・発火点

引火点	発火点
可燃性蒸気の濃度が燃焼範囲の下限値を示すときの液温	空気中で加熱された物質が自ら発火するときの最低の温度
点火源 ⇨ 必要	点火源 ⇨ 不要
可燃性の液体（まれに固体）	可燃性の固体、液体、気体

Point 26 自然発火・混合危険 📖 26

- **自然発火**…物質が常温において自然に発熱し、蓄積された熱が発火点に達して燃焼を起こす。

  例 酸化熱による発熱（乾性油）

- **混合危険**…2種類以上の物質が混合することで発熱または爆発の危険が生じること。

  例

  | 第1類
または
第6類 | ＋ | 第2類
または
第4類 | ＝ | 発火・爆発の危険 |

第4章　消火理論と設備

Lesson.1 消火理論　　　　　　　　　　⇨速P.98

 物質が燃焼するには燃焼の3要素が同時に存在しなければならないため、3要素のうちの1つでも取り除けば消火することができる。

 燃焼物に砂やふとんをかぶせて消火するのは、窒息消火である。

 容器内の灯油が燃え出した場合、容器にふたをして消火するのは除去消火である。

 除去消火の1つとして、爆風により可燃性蒸気を吹き飛ばすという方法がある。

 ガスの元栓を閉めることによってコンロの火を消すのは、冷却消火である。

 水による消火は、燃焼に必要な熱エネルギーを取り去る冷却効果が大きいが、これは水の比熱と蒸発熱が小さいからである。

燃焼の3要素のうち1つでも取り除けば消火できます。第4類危険物に用いられる消火方法や消火剤の種類について、整理して確実に覚えましょう。

3行ポイント

A227
燃焼の3要素（可燃物・酸素供給源・点火源）のうち、どれか1つを取り除けば消火することができる。🎲24

A228
燃焼物を砂やふとんで覆うことにより、空気との接触を断つことで窒息消火を行う。🎲27

A229
容器内の灯油が燃え出した場合、容器にふたをすることにより、燃焼物と空気との接触を断つのは窒息消火である。可燃物を取り除くわけではない。🎲27

A230
油田火災等の除去消火に爆発が用いられるのは、爆風によって一気に可燃性蒸気を取り除くためである。🎲27

A231
元栓を閉めることによって可燃物であるガスの供給を断つのは、除去消火である。🎲26

A232
水は比熱および蒸発熱が大きいため、冷却効果が高い。また、多量の水蒸気が空気中の酸素と可燃性ガスを薄める作用もある。

基礎的な物理学および基礎的な化学

強化液消火剤は炭酸カリウムの濃厚な水溶液であるが、油火災に対しては、霧状に放射すれば適応することができる。

 強化液消火剤は、0℃で凝固するため、寒冷地では使用できない。

 強化液消火剤には、木材などの火災が消火したあと再び出火することを防止する効果がある。

 二酸化炭素消火器を放射すると、空気中の酸素の濃度を低下させ、窒息消火する。

 二酸化炭素消火剤は、その使用によって室内の二酸化炭素濃度が高くなったとしても、人体に悪影響を及ぼすことはない。

 二酸化炭素消火剤は、電気絶縁性に優れているため、電気火災に適している。

 ハロゲン化物の消火器には窒息効果があるが、抑制効果はない。

A233 強化液消火剤を霧状に放射すれば炭酸カリウムによる抑制作用が働き、油火災や電気火災にも適応可能となる。

 A234 強化液消火剤の凝固点は−25℃以下（使用温度範囲−20℃〜40℃）となっているため、寒冷地でも使用できる。

 A235 強化液消火剤には燃焼を化学的に抑制する効果と冷却効果があるため、消火後に再び出火することを防ぐ再燃防止効果もある。

 A236 二酸化炭素は化学的に安定した不燃性の物質であり、しかも空気より重いので、空気中に放出すると、室内や燃焼物周辺の酸素濃度を低下させる窒息効果がある。

 A237 二酸化炭素消火剤を密閉された場所で使用すると、酸欠状態になる危険性があり、多量に吸い込むと窒息することもある。

 A238 二酸化炭素は、電気の不良導体（電気絶縁性がよい）であることから、電気火災にも適応することができる。

 A239 ふっ素、臭素などのハロゲン元素には、燃焼の連鎖反応を抑制する作用があり、この抑制効果と窒息効果によって消火する。

基礎的な物理学および基礎的な化学

消火剤としての泡には化学泡と機械泡の2種類があるが、どちらも窒息効果によって消火する。

 たん白泡消火剤は、ほかの泡消火剤と比べて熱に弱いが、発泡性がよい。

 棒状の水、泡、ハロゲン化物のうち、油火災と電気火災の両方に適応するのは、ハロゲン化物だけである。

 粉末消火剤は、無機化合物を粉末にしたものであり、燃焼を化学的に抑制する効果と窒息効果がある。

 粉末消火剤は、粉末の粒径が大きいほど、消火作用が大きい。

 油火災をA火災、電気火災をB火災、普通火災をC火災と呼ぶ。

 りん酸アンモニウムを主成分とする粉末消火器は、普通火災、油火災、電気火災のすべてに適応する。

A240 化学泡と機械泡（空気泡）は、多量に放射された泡が燃焼物を覆うことによる<u>窒息効果</u>で消火する。 29

A241 たん白泡消火剤は、ほかの泡消火剤と比べると熱に<u>強い</u>が、発泡性が<u>低い</u>という性質がある。

A242 棒状の水は<u>油火災</u>と<u>電気火災</u>のどちらにも適応せず、泡は<u>電気火災</u>に適応しない。これに対して、ハロゲン化物はどちらにも適応する。 30・31

A243 粉末消火剤は、りん酸塩類を主成分とするものと炭酸水素塩類を主成分とするものがあるが、どちらも<u>抑制効果</u>と<u>窒息効果</u>で消火する。

A244 粉末消火剤は、粒径（粒子のサイズ）を<u>小さく</u>して、単位質量当たりの表面積を<u>増やす</u>ことによって窒息効果と抑制効果を高めているので、粒径が<u>小さい</u>ほど消火作用が大きい。

A245 A火災は<u>普通火災</u>、B火災は<u>油火災</u>、C火災は<u>電気火災</u>をそれぞれ表している。 28

A246 A火災、B火災、C火災のすべてに適応できることから、りん酸アンモニウム（りん酸塩類）を使用した粉末消火器は「ＡＢＣ消火器」とも呼ばれ、広く一般に利用されている。

Q247 消火設備には、第1種から第6種までの種別がある。

 Q248 屋内消火栓設備は、第3種消火設備に区分される。

 Q249 第2種消火設備とは、水蒸気消火設備のことを指す。

 Q250 不活性ガス消火設備は、第3種消火設備に区分される。

 Q251 消火粉末を放射する大型消火器は、第5種消火設備に区分される。

 Q252 乾燥砂、水バケツまたは水槽は、すべて第5種消火設備に区分される。

 Q253 消火器には、火災の区別によって3種類に色分けされた標識がつけられている。

「消火設備の区分」は頻出テーマです。簡単な内容ですから、この際、しっかり覚えて得点源にしてしまいましょう。

3行
ポイント

A247
消火設備は、第1種から第5種までの5種類に区分されている。

A248
「○○消火栓」と名がつけば、すべて第1種消火設備である。 32

A249
第2種消火設備はスプリンクラー設備だけを指す。 32

A250
「○○消火設備」と名がつけば、すべて第3種消火設備である。 32

A251
大型消火器は、放射する消火剤にかかわらず、すべて第4種消火設備に区分される。 32

A252
乾燥砂や水バケツ・水槽以外に、小型消火器、膨張ひる石・膨張真珠岩が第5種消火設備に含まれる。 32

A253
消火器には火災の区別ごとに決められた色の丸い標識がつけられる。普通火災（A火災）は白色、油火災（B火災）は黄色、電気火災（C火災）は青色の標識となる。 33

重要ポイント まとめて CHECK!!

Point 27　消火の３要素

　物質の燃焼には、可燃物、酸素供給源、点火源の３つが同時に必要です（燃焼の３要素）。したがって、消火にはどれか１つを取り除けばよいことになります。燃焼の３要素に対応した消火方法を、消火の３要素といいます。

燃焼の３要素		
可燃物	酸素供給源	点火源
↓ 取り除く	↓ 断ち切る	↓ 熱を奪う
除去消火	窒息消火	冷却消火
消火の３要素		

Point 28　火災の区別と消火剤

　一般に火災は、普通火災、油火災、電気火災の３つに区別され、普通火災をＡ火災、油火災をＢ火災、電気火災をＣ火災と呼びます。

- 普通火災（Ａ火災）
  木材、紙、繊維等、普通の可燃物による火災
- 油火災（Ｂ火災）
  石油類等の可燃性液体、油脂類等による火災
- 電気火災（Ｃ火災）
  電線、変圧器、モーター等の電気設備による火災

火災時には、火災の種類に合った消火剤を選びます。

消火剤	水・泡系	水
		強化液
		泡
	ガス系	二酸化炭素
		ハロゲン化物
	粉末系	りん酸塩類、炭酸水素塩類

Point 29 消火設備 32

❖消火設備の区分

種別	消火設備の区分	設備の内容
第1種	消火栓	屋内消火栓、屋外消火栓
第2種	スプリンクラー	スプリンクラー設備
第3種	泡・粉末等 特殊消火設備	水蒸気消火設備、水噴霧消火設備 泡消火設備、不活性ガス消火設備 ハロゲン化物消火設備、粉末消火設備
第4種	大型消火器	大型消火器
第5種	小型消火器　その他	小型消火器、水バケツ、水槽、乾燥砂等

ゴロ合わせ

消火設備の種類
センスよく
（第1種：○○消火栓　第2種：スプリンクラー）
消火設備は
（第3種：○○消火設備）
大と小
（第4種：大型消火器　第5種：小型消火器）

第1章　危険物の分類と第4類危険物

Lesson.1 危険物の分類

⇨速P.112

 Q254 消防法上の危険物はすべて単体または化合物のどちらかであり、混合物は含まれない。

 Q255 消防法上の危険物はすべて常温（20℃）において固体または液体のどちらかであり、気体は含まれない。

 Q256 固体の危険物の比重はすべて1よりも大きく、液体の危険物の比重はすべて1より小さい。

 Q257 危険物には、酸素を分子構造中に含有し、加熱や衝撃などにより分解してその酸素を放出し、可燃物の燃焼を促すものがある。

 Q258 同一の物質であっても、形状等によっては危険物にならないものもある。

 Q259 第1類危険物は、可燃性であり、加熱すると爆発的に燃焼する。

危険物は第1類～第6類に分類され、性状は固体か液体のみ。各類の性質や性状を覚えて。第2類と第4類危険物は共通点も多く、よく比較して出題されます。

3行ポイント

 A254 第2類危険物の硫黄などは<u>単体</u>、第4類危険物の二硫化炭素などは<u>化合物</u>だが、危険物にはガソリンや灯油などの<u>混合物</u>も数多く含まれている。

 A255 消防法の定める危険物は<u>固体</u>と<u>液体</u>のみであり、常温で気体のものは含まれない。🎲 34

 A256 固体の危険物でもカリウムのように比重が1より<u>小さい</u>ものもある。また、液体でも二硫化炭素のように比重が1より<u>大きい</u>ものもある。

 A257 設問は<u>酸化性</u>物質のことをいっている。これには第1類危険物の<u>酸化性固体</u>、第6類危険物の<u>酸化性液体</u>が該当する。🎲 34

 A258 たとえば、同じ鉄という物質でも<u>鉄粉</u>や<u>金属粉</u>は第2類危険物だが、鉄板や金属板は危険物に指定されていない。

 A259 第1類危険物は、他の物質を酸化（燃焼）させる性質を持っているが、それ自体は燃焼しない<u>不燃性</u>の物質である。

危険物の性質ならびにその火災予防および消火の方法

第1類危険物は酸化性物質で、酸素を多量に含有し、加熱や衝撃などで分解して酸素を放出しやすい固体である。

 第2類危険物は、着火または引火の危険性がある固体である。

 第3類危険物は、二酸化炭素と接触することによって分解発熱し、発火する。

 第3類危険物のほとんどの物品は自然発火性と禁水性の両方の危険性を持っているが、一部には例外も存在する。

 第5類危険物は、酸化性の固体または液体である。

 第6類危険物は酸化性液体であり、それ自身は燃焼しない。

 同じ類に分類される危険物であれば、適応する消火剤や消火方法はすべて同じである。

A260 第１類危険物は、加熱、衝撃、摩擦^{まさつ}などによって分解して酸素を放出し、他の物質に燃焼を起こさせる<u>酸化性固体</u>である。 🎲 34

 A261 第２類危険物は<u>可燃性固体</u>であり、火炎によって着火しやすい固体、または比較的低温で引火しやすい固体である。 🎲 34

 A262 第３類危険物は、<u>空気</u>にさらされて自然発火する<u>自然発火性物質</u>および<u>水</u>と接触して発火したり可燃性ガスを発生したりする<u>禁水性物質</u>である。固体と液体がある。 🎲 34

 A263 黄りんのように<u>自然発火性</u>だけの物品、リチウムのように<u>禁水性</u>だけの物品もある。 🎲 34

 A264 酸化性とは<u>他の物質を酸化</u>（燃焼）させることである。第５類危険物は自分自身が放出した酸素によって自分が燃焼する<u>自己反応性</u>の固体または液体であり、酸化性の物質ではない。 🎲 34

 A265 第６類危険物は酸素を放出して他の物質を酸化し、燃焼を促進するが、自分自身は燃えない<u>不燃性</u>の液体である。 🎲 34

 A266 たとえば、同じ第４類危険物であっても、水溶性のものと非水溶性のものとでは使用できる<u>泡消火剤</u>の種類が異なる。

危険物の性質ならびにその火災予防および消火の方法

Lesson.2 第4類危険物　⇨ 速 P.116

Q267 第4類危険物は、常温でまたは加熱することにより可燃性蒸気を発生し、火気等によって引火する危険性がある。

Q268 第4類危険物のほとんどは電気をよく通す良導体であり、静電気が蓄積されにくい。

Q269 第4類危険物には、比重が1より小さく、水に溶けないものが多い。

Q270 第4類危険物の多くは、発火点が100℃以下である。

Q271 第4類危険物の入った容器は必ず密栓し、直射日光を避けて冷暗所に貯蔵する。

Q272 第4類危険物から発生した可燃性蒸気は、屋外の低所に排出する。

108

第4類危険物は引火性液体です。発生する蒸気は可燃性で、空気との混合で引火・爆発の危険があります。共通する特性や火災の予防方法、消火方法は重要です。

A267 第4類危険物は<u>引火性液体</u>であり、引火点が常温より低いものは常温で、また常温より高いものでも加熱されて液温が引火点以上になれば燃焼に十分な<u>可燃性蒸気</u>を発生し、引火する危険性がある。🍇**34**

A268 第4類危険物の<u>非水溶性</u>のものは、電気の不良導体が多く、発生した静電気が蓄積されやすい。だから<u>非水溶性</u>のものの方が危険性が高い。

A269 第4類危険物は非水溶性のものが多く、また液比重が1より小さいものがほとんどなので、<u>水</u>に浮くものが多い。<u>水</u>に溶けずに<u>水</u>に浮くので、<u>水</u>での消火ができない、また火災が拡大しやすいため、非水溶性のものは危険性が高い。

A270 <u>二硫化炭素</u>の発火点の<u>90℃</u>は例外的で、第4類危険物のほとんどは発火点が<u>200℃</u>以上である。

A271 第4類危険物の入った容器を<u>密栓</u>するのは<u>可燃性蒸気</u>が漏れ出すのを防ぐためであり、<u>冷暗所</u>に貯蔵するのは液温の上昇を抑えるためである。

A272 可燃性蒸気は屋外の<u>高所</u>に排出する。可燃性蒸気は空気よりも<u>重い</u>ので、<u>高所</u>から排出すれば地上に降下してくる間に拡散し、濃度が薄められるからである。

危険物の性質ならびにその火災予防および消火の方法

空缶であっても内部に可燃性の蒸気が残っている可能性があるため、取扱いには十分注意しなければならない。

 第4類危険物を扱う際には、容器、タンク、配管、ノズル等にはできる限り導電性材料のものを使用し、導体部分は接地をする。

 第4類危険物を容器に注入するときは、可燃性蒸気の発生を防止するため、空間を残さないように詰めてから密栓する。

 第4類危険物を取り扱う際は、火花が飛ぶ可能性のある装置から離れた場所を選んで作業をする。

 第4類危険物の火災に対する消火方法としては、棒状注水が効果的である。

 第4類危険物の火災に対する消火方法としては、空気の供給を遮断する窒息消火や、化学的に燃焼を抑制する抑制消火は不適切といえる。

 泡消火剤は、水溶性液体用泡消火剤とそれ以外の一般の泡消火剤に大別されるが、エタノールの火災に対しては、一般の泡消火剤は不適切である。

110

A273 危険物がなくても内部に残っている可燃性蒸気が空気と混合して引火する危険性があるので、<u>空缶</u>の取扱いにも十分注意する必要がある。

 A274 導電性の高い物質は静電気が<u>発生しにくい</u>。また、接地をすれば静電気が地面に逃げてくれるので蓄積を防ぐことができる。🍓14

 A275 温度が上昇し、容器内の液体が熱膨張を起こした場合でも容器が破損しないよう、若干の<u>空間容積</u>を確保しておく必要がある。

 A276 第4類危険物を取り扱う際は、火花が飛ぶ可能性のある装置を<u>停止</u>させてから、作業をする。

 A277 第4類危険物の多くは水に浮くので、棒状注水では燃えている危険物が水に浮いて広がり、火災範囲が<u>拡大</u>してしまう。棒状の<u>強化液</u>も同様である。

 A278 第4類危険物の火災は可燃性の蒸気による火災なので、可燃物の除去や冷却による消火は困難であり、<u>窒息</u>消火または<u>抑制</u>消火が効果的である。

 A279 エタノールなどの<u>水溶性</u>の危険物の火災に一般の泡消火剤を用いると泡が溶かされて消滅し、<u>窒息効果</u>が得られなくなるので、水溶性液体用泡消火剤（耐アルコール泡）を使用する。

危険物の性質ならびにその火災予防および消火の方法

二酸化炭素と粉末系消火剤は、どちらも第4類
危険物の火災に適応する。

 第4類危険物の一般的性状として、沸点の低い
ものは引火の危険性が大きい。

 第4類危険物を取り扱う際は、可燃性の蒸気が
外部に漏れると危険なので、室内の換気を行わ
ないようにする。

 第4類危険物を詰め替える際は蒸気が多量に発
生するため、床にくぼみなどをつくって拡散を
防ぐようにする。

 可燃性蒸気の滞留するおそれが著しい場所では、
防爆型の電気設備を使用する。

 第4類危険物の攪拌(かくはん)や注入はゆっくりと行い、
静電気の発生を抑制する。

 消火剤に泡を用いる場合、アセトアルデヒド、
アセトン、メタノール、クレオソート油に対し
ては、水溶性液体用泡消火剤を使用しなければ
ならない。

A280 二酸化炭素には窒息効果があり、粉末系消火剤には窒息および抑制の効果があるため、どちらも第4類危険物の火災に適応する。 **〇**

A281 沸点が低いということは、揮発性が高くより低い温度で蒸発が起きるということなので、引火の危険性も大きいといえる。 **〇**

A282 可燃性蒸気が室内に滞留すると引火爆発の危険がある。可燃性蒸気は空気より重いので、特に低所の換気や通風は十分に行わなければならない。 **✕**

A283 可燃性蒸気の比重は1より大きく低所に滞留する。したがって、床にくぼみなどをつくるとそこに可燃性蒸気が滞留して危険である。 **✕**

A284 防爆型の電気設備とは、電気火花が点火源とならないような構造を備えたスイッチ等の電気設備のことをいう。 **〇**

A285 液体の流動によって生じる静電気の量は液体の流速に比例して増える。したがって、攪拌や注入をするときは、なるべく流速を遅くする。 **〇**

A286 クレオソート油だけは非水溶性なので、一般の泡消火剤を用いればよい。アセトアルデヒド、アセトン、メタノールはいずれも水溶性なので水溶性液体用泡消火剤を使用する必要がある。 **✕**

Q287 すべての特殊引火物は、1気圧において引火点が－20℃以下であって、しかも沸点が40℃以下の引火性液体である。

 Q288 特殊引火物には第4類危険物の中で、引火点、発火点、沸点がそれぞれ最も低い物品が含まれる。

 Q289 ジエチルエーテルには特有の刺激臭があり、その蒸気は毒性を持っている。

 Q290 ジエチルエーテルは、空気と長時間接触した後に加熱や衝撃などが加わると、爆発する危険性がある。

 Q291 ジエチルエーテル、二硫化炭素、アセトアルデヒド、酸化プロピレンは、すべて引火点が0℃より低く、冬期でも引火しやすい。

 Q292 ジエチルエーテル、二硫化炭素、アセトアルデヒド、酸化プロピレンのうち、液比重が1より大きいのはジエチルエーテルである。

特殊引火物は試験によく出題されます。第4類危険物で引火点が最も低いジエチルエーテルと、発火点が最も低い二硫化炭素の相違点を確認しておきましょう。

A287 設問の記述のほか、特殊引火物には1気圧において発火点100℃以下のものも含まれる。たとえば、二硫化炭素は沸点は46℃だが、発火点が90℃なので特殊引火物である。🎲36

A288 第4類危険物のうち、引火点はジエチルエーテル（−45℃）、発火点は二硫化炭素（90℃）、沸点はアセトアルデヒド（21℃）がそれぞれ最も低い。いずれも特殊引火物である。🎲36・38

A289 ジエチルエーテルには刺激臭があるが、蒸気には毒性ではなく麻酔性がある。

A290 ジエチルエーテルは空気と長く接触したり日光にさらされたりすると、爆発性の過酸化物を生じるため、加熱や衝撃を避け冷暗所に保管する。

A291 引火点はそれぞれ、ジエチルエーテルが−45℃、二硫化炭素が−30℃以下、アセトアルデヒドが−39℃、酸化プロピレンは−37℃。🎲38

A292 ジエチルエーテル、二硫化炭素、アセトアルデヒド、酸化プロピレンの中で液比重が1より大きいのは二硫化炭素の1.3だけである。ジエチルエーテルの液比重は0.7。

危険物の性質ならびにその火災予防および消火の方法

115

Q293 二硫化炭素は水によく溶け、また特有の不快臭があるが、純品ではほとんど無臭である。

 Q294 二硫化炭素をびんや缶などに貯蔵するときは、二硫化炭素の表面を水で覆い、ふたを完全にして可燃性蒸気が漏れないようにする。

 Q295 二硫化炭素の蒸気比重は空気より少しだけ重く、その蒸気に毒性はない。

 Q296 二硫化炭素は発火点が100℃以下であるため、高温の蒸気配管などに接触するだけで発火する危険性がある。

 Q297 二硫化炭素は燃焼範囲が広く、また燃焼する際は、有毒な亜硫酸ガスを発生する。

 Q298 アセトアルデヒドは沸点が高く、常温（20℃）では揮発しにくい。

 Q299 アセトアルデヒドは水によく溶け、その蒸気には毒性がある。

A293 二硫化炭素は水に<u>溶けない</u>。なお、特有の不快臭があり、純品がほとんど無臭であるという点は正しい。 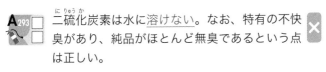✕

 A294 水より<u>重い</u>、しかも水に<u>溶けない</u>という二硫化炭素の性質を利用して、<u>水中貯蔵</u>などの貯蔵方法がとられる。 ○

A295 二硫化炭素の蒸気比重は<u>2.6</u>であり、空気よりかなり重い。また、蒸気には<u>毒性</u>がある。 ✕

A296 二硫化炭素の発火点は<u>90℃</u>であり、第4類危険物の中で最も低い。そのため、高温体の接近を避けるようにして保管する必要がある。 ○ 🎲 **38**

A297 二硫化炭素の燃焼範囲は<u>1.3～50vol%</u>であり、下限値が低く範囲も広い。燃焼すると有毒な<u>亜硫酸ガス</u>（二酸化硫黄）を発生する。 ○

A298 アセトアルデヒドの沸点は<u>21℃</u>と低く、常温とほとんど同じである。そのため、常温でも揮発性が<u>高い</u>。引火点は-39℃。 ✕

A299 アセトアルデヒドは<u>水</u>によく溶け、<u>有機溶剤</u>にも溶ける。また、蒸気は<u>毒性</u>を持っている。 ○

A294　二硫化炭素の水中貯蔵

Q300 酸化プロピレンは水にまったく溶けない無色の液体であり、その蒸気には毒性がある。

 Q301 ジエチルエーテルと二硫化炭素の発火点は、どちらもガソリンの発火点より低い。

 Q302 ジエチルエーテルは、水より重く、水に溶けないので、貯蔵する際は容器に水を張って蒸気の発生を抑制する。

 Q303 ジエチルエーテルは、密閉した容器に保存し、直射日光を避けて冷暗所に貯蔵する。

 Q304 二硫化炭素は沸点が40℃以下なので、夏期には気温が沸点よりも高くなるおそれがある。

 Q305 アセトアルデヒドや酸化プロピレンを貯蔵する場合は、不活性ガスを封入する。

 Q306 ジエチルエーテルと二硫化炭素の蒸気には臭気があるが、アセトアルデヒドと酸化プロピレンの蒸気は無臭である。

A300 酸化プロピレンは水に<u>よく溶ける</u>。なお、蒸気には<u>毒性</u>があり、他の特殊引火物と同様、<u>無色透明</u>の液体である。

A301 ガソリンの発火点は約<u>300</u>℃。これに対し、ジエチルエーテルは160℃、二硫化炭素は90℃である。ガソリンの発火点は意外に<u>高い</u>ことを覚えておくとよい。

A302 ジエチルエーテルは水より<u>軽く</u>、水に<u>わずかに溶ける</u>ので、設問の記述のような貯蔵の仕方はしない。設問の記述は二硫化炭素のことである。

A303 蒸気の発生を少なくし、また、<u>過酸化物</u>の生成による爆発を防止するため、ジエチルエーテルは密栓して冷暗所に貯蔵する。

A304 二硫化炭素の沸点は<u>46</u>℃である。なお、ジエチルエーテル、アセトアルデヒド、酸化プロピレンの沸点は40℃以下である。

A305 <u>不活性</u>ガスとは、窒素ガスや炭酸ガス（二酸化炭素）など、化学的に安定していて他の物質と反応を起こさないガスのことをいう。

A306 アセトアルデヒドの蒸気には<u>刺激臭</u>、酸化プロピレンの蒸気には<u>エーテル臭</u>がある。

重要ポイント まとめて CHECK!!

Point 30 危険物の分類

 34

危険物は、第1類から第6類に分類されます。

第1類危険物	酸化性固体	固体
第2類危険物	可燃性固体	固体
第3類危険物	自然発火性および禁水性物質	固体＋液体
第4類危険物	引火性液体	液体
第5類危険物	自己反応性物質	固体＋液体
第6類危険物	酸化性液体	液体

Point 31 第4類危険物

35

第4類危険物は、基本的に引火点の違いによって7つの品名に分類されます。

品　名	引火点	代表的な物品名
特殊引火物	−20℃以下	ジエチルエーテル
第1石油類	21℃未満	ガソリン
アルコール類	11 ～ 23℃程度	エタノール
第2石油類	21 ～ 70℃未満	灯油、軽油
第3石油類	70 ～ 200℃未満	重油
第4石油類	200 ～ 250℃未満	ギヤー油
動植物油類	250℃未満	アマニ油

Point 32 　第４類危険物に共通する特性

①引火しやすい

引火点が常温（20℃）より低いものは加熱しなくても引火する危険がある。

②水に浮くものが多い

水に溶けないもの（非水溶性）が多く、比重が1より小さいものが多い。

③蒸気が空気より重い

可燃性蒸気の蒸気比重が1より大きく、低所に滞留する。

④静電気が生じやすい

第４類危険物は液体なので流動等により静電気が発生しやすい。また電気の不良導体が多く、静電気が蓄積されやすい。

Point 33 　第４類危険物の火災予防・消火方法

特　性	主な火災予防方法
引火しやすい	火気・加熱を避ける 密栓して冷暗所に貯蔵する
蒸気が空気より重い	低所の換気を十分に行う 発生した蒸気は屋外の高所に排出する
静電気が生じやすい	液体の流速を遅くする 接地（アース）を施す

第４類危険物に共通する消火方法

- 窒息消火または抑制消火が効果的
- 水に浮く危険物が多いので、水や強化液の棒状放射は避ける

Lesson.4 第1石油類（第4類危険物）

.

 Q307 第1石油類とは、1気圧において引火点が-20℃以下の引火性液体をいう。

 Q308 第1石油類から第3石油類までの石油類の物品は非水溶性と水溶性に分けられ、水溶性よりも非水溶性の物品の方が危険性が高い。

 Q309 第1石油類では、ガソリンやトルエンなどが非水溶性で、アセトンやベンゼンなどが水溶性に区分される。

 Q310 工業ガソリンは無色の液体だが、自動車ガソリンはオレンジ色に着色されている。

 Q311 ガソリンの発火点は100℃以下であり、第4類危険物の中で最も低い。

 Q312 ガソリンの引火点は、常温（20℃）よりも高い。

 Q313 ガソリンの燃焼範囲は、およそ1～8vol%程度である。

.

.

第1石油類は水溶性と非水溶性の液体で、指定数量が異なります。第1石油類の共通特性、ガソリン・ベンゼンなどの代表的な物品の特性は確実に覚えて。

 A307 第1石油類は、1気圧において引火点21℃未満の引火性液体である。🎲 35

 A308 非水溶性の指定数量が水溶性の指定数量の半分に定められているのは、非水溶性の物品の方が危険性が高いため、少ない量で規制をかける必要があるからである。

 A309 ベンゼンは非水溶性である。なお、酢酸エチルやエチルメチルケトンなどのように水にわずかに溶けるものも、非水溶性に区分されている。

 A310 自動車ガソリンは、灯油や軽油と簡単に識別できるようにオレンジ色に着色されている。

 A311 ガソリンの発火点は約300℃。第4類危険物の中で最も低い発火点は二硫化炭素の90℃である。

 A312 ガソリンの引火点は－40℃以下と非常に低く、冬期でも引火する危険がある。

 A313 ガソリンの燃焼範囲は1.4～7.6vol%なので、およそ1～8vol%程度というのは正しい。

Q 314 ガソリンは揮発性が高く、その蒸気は空気より
もかなり重い。

 Q 315 ガソリンは灯油などと混合しない限り、静電気
が蓄積されることはない。

 Q 316 ベンゼンとトルエンは、ともに芳香族炭化水素
に属する無色透明の液体である。

 Q 317 ベンゼンとトルエンは、どちらも有機溶剤によ
く溶け、引火点は常温よりも高い。

 Q 318 ベンゼンとトルエンは両方とも芳香臭があり、
どちらの蒸気も空気より重く、毒性を持ってい
る。

 Q 319 アセトンは水より軽く、引火点がガソリンより
も低い。

 Q 320 アセトンは水によく溶け、有機溶剤にも溶ける
ほか、油脂などをよく溶かす性質がある。

ガソリンは沸点が40 ～ 220℃であり、揮発し
やすい。また、蒸気比重は3 ～ 4なので空気よ
りもかなり重い。

 ガソリンは電気の不良導体なので流動等によっ
て静電気が発生しやすく、また蓄積しやすい。

 ベンゼン環という環状構造を持つ有機化合物を
芳香族化合物といい、このうち炭素と水素だけ
でできているものを芳香族炭化水素と呼ぶ。

 ベンゼンの引火点は－11.1℃でトルエンは4℃
だから、どちらも常温より低い。なお、アルコ
ールなどの有機溶剤にはどちらもよく溶ける。

 ベンゼンの蒸気比重は2.8でトルエンは3.1だか
ら、どちらも空気より重い。蒸気はともに毒性
を持つが、毒性はベンゼンの方が強い。 📖 40

 アセトンは液比重0.8で水より軽く、引火点は
－20℃とかなり低い。しかし、ガソリンの引火
点は－40℃以下だから、ガソリンよりは高い。

 アセトンはアルコールやジエチルエーテルなど
の有機溶剤によく溶ける。また、油脂などをよ
く溶かすという性質もある。

危険物の性質ならびにその火災予防および消火の方法

第1石油類は、アルコール類と比べると引火の
危険性が小さい。

 ガソリンは、各種の炭化水素の混合物である。

 ガソリンの燃焼範囲は、ジエチルエーテルの燃
焼範囲よりも広い。

 ガソリンの蒸気を吸入すると、頭痛や目まいを
起こすことがある。

 ガソリンは、特有の臭気がある原油分留製品の
1つである。

 アセトンは、無色無臭の液体である。

A321 一般に第1石油類の方がアルコール類よりも<u>引火点が低い</u>ことなどから、引火の危険性は大きいといえる。

 A322 <u>炭化水素</u>とは、炭素と水素でできている化合物をいう。ガソリンは、炭化水素化合物を主成分とする<u>混合物</u>である。

 A323 ガソリンの燃焼範囲は<u>1.4</u>〜<u>7.6</u>vol%。ジエチルエーテルの燃焼範囲は<u>1.9</u>〜<u>36</u>vol%である。ガソリンの燃焼範囲は意外に<u>狭い</u>ことを覚えておくとよい。

 A324 ガソリンの<u>蒸気</u>を過度に吸入すると、頭痛、目まい、吐き気などを起こす場合がある。

 A325 ガソリンは灯油や軽油と同様、<u>原油</u>から分留される石油製品である。また、特有の<u>臭気</u>がある。

 A326 アセトンは<u>無色透明</u>の液体であるが、<u>特有の臭気</u>を持っている。

ガソリンの性状

液体の色	オレンジ色に着色
引 火 点	−40℃以下
発 火 点	約300℃
燃焼範囲	1.4〜7.6vol% (約1〜8vol%でも可)

消防法では、1分子を構成する炭素原子の数が1個から3個までの飽和1価アルコールだけをアルコール類としている。

アルコール類は電気の不良導体なので、流動等によって静電気が発生し、蓄積しやすい。

アルコール類は水によく溶けるため、消火の際に一般の泡消火剤を用いるのは不適切である。

メタノールには毒性があり、エタノールには麻酔性がある。

メタノールよりエタノールの方が、燃焼範囲が広い。

メタノールもエタノールも蒸気比重が空気よりも大きい。

郵便はがき

１６９-８７３４

料金受取人払郵便

新宿北局承認

2693

差出有効期間
2024年11月
30日まで

切手を貼らず
にこのままポ
ストへお入れ
ください。

（受取人）
東京都新宿北郵便局
郵便私書箱第2007号
（東京都渋谷区代々木1－11－1）

U-CAN 学び出版部

愛読者係　行

愛読者カード

ユーキャンの乙種第4類危険物取扱者 これだけ！一問一答&要点まとめ 第5版

　ご購読ありがとうございます。読者の皆さまのご意見、ご要望等を今後の企画・編集の参考にしたいと考えております。お手数ですが、下記の質問にお答えいただきますようお願いします。

1. 本書を何でお知りになりましたか？
    a.書店店頭で　　b.インターネット書店で　　c.知人・友人から
    d.その他（　　　　　　　　　　　　　　　　　　　　　　　　　）

2. 多くの類書の中から本書を購入された理由は何ですか？
    （
    　
    ）

うら面へ続きます

3. 本書の内容について
   ①わかりやすさ　　（a.良い　　　b.ふつう　　　c.悪い）
   ②内容のレベル　　（a.高い　　　b.ちょうど良い　c.やさしい）
   ③誌面の見やすさ　（a.良い　　　b.ふつう　　　c.悪い）
   ④価格　　　　　　（a.安い　　　b.ふつう　　　c.高い）
   ⑤役立ち度　　　　（a.高い　　　b.ふつう　　　c.低い）
   ⑥本書の内容で良かったこと、悪かったことをお書きください

4. 乙種第4類危険物取扱者試験について
   ①勉強を始めたのはいつですか？（受験予定の　　ヵ月前）
   ②受験経験はありますか？　　（a.無い　　　b.1回　　　c.2回以上）
   ③今までの学習方法は？　　　（a.市販本　　b.通信教育　c.学校等）

5. 通信講座の案内資料を無料でお送りします。ご希望の講座の欄に○印
   をおつけください（お好きな講座［2つまで］をお選びください）。

	危険物取扱者講座　Zi		第二種電気工事士講座　ZE
	二級ボイラー技士講座　ZC		実用ボールペン字講座　W4

住所	〒□□□-□□□□		都道 府県		市 郡(区)
	アパート、マンション等、名称、部屋番号もお書きください				様 方

氏名	フリガナ		電話	市外局番 （　　　）	市内局番	番　号
			年齢	歳	(男)・(女)	

Q9QQRŌ＊＊Q1

メタノール・エタノール・2-プロパノールの共通特性や相違点、消火方法、指定数量を覚えましょう。

3行ポイント

 A327 □□ 化学的にはアルコールに分類される物質であっても、設問の定義に当てはまらないものは消防法における第4類危険物のアルコール類には含まれない。

 ○

 A328 □□ アルコール類は電気の良導体である。そのため流動摩擦による静電気の発生や蓄積はない。

 ✕

 A329 □□ アルコールなどの水溶性の液体は、泡消火剤の泡を溶かしてしまう。そのため、一般の泡消火剤ではなく耐アルコール泡を使用する。

 ○

 A330 □□ メタノールには毒性があり、飲むと失明や死にいたる場合がある。一方、エタノールにはメタノールのような毒性はなく、麻酔性がある。🎲 42

 ○

 A331 □□ メタノールの燃焼範囲は6.0～36vol%であり、エタノールは3.3～19vol%だから、メタノールの方が広い。🎲 42

 ✕

 A332 □□ メタノールの蒸気比重は1.1で、エタノールは1.6だから、どちらも空気の比重より大きく空気より重い。

 ○

アルコール類の性状

物品名	水溶性	引火点 ℃	発火点 ℃	沸点 ℃	燃焼範囲 vol%
メタノール	○	11	464	64	6.0～36
エタノール	○	13	363	78	3.3～19
2-プロパノール	○	12	399	82	2.0～12.7

メタノールとエタノールの消火には窒息消火が有効で、二酸化炭素やハロゲン化物のほかに水噴霧も有効である。

 メタノールとエタノールの沸点は、どちらも水の沸点より高い。

 メタノールとエタノールは、どちらも無色透明の液体で、特有の芳香を有している。

 メタノールとエタノールは、どちらも水または多くの有機溶剤と任意の割合で混ざる。

 メタノールとエタノールの引火点は、どちらも常温（20℃）より高い。

 メタノールとエタノールは、どちらも燃焼時の炎の色が淡いため、認識しにくいことがある。

 ジエチルエーテル、ガソリン、アセトン、エタノールの4つのうち、引火点が最も低いのはエタノールである。

A333 窒息消火のほかに、冷却と希釈に効果のある水噴霧が有効なのは、特殊引火物の二硫化炭素、アセトアルデヒド、酸化プロピレンなどである。

A334 メタノールの沸点は64℃、エタノールは78℃なので、どちらも水の沸点100℃より低い。

A335 無色透明で特有の芳香を有するという性状は、メタノールやエタノールに共通する性状である。

A336 「任意の割合で混ざる」とは、どのような割合でも溶け合う、よく溶けるということである。

A337 メタノールの引火点は11℃であり、エタノールは13℃なので、どちらも常温より低い。なお、引火点が常温よりも低いということは、常温で引火する危険性があるということである。

A338 メタノールとエタノールは、淡青白色の炎を上げて燃焼するが、色が淡いため、特に明るい場所では炎が見えにくい。

A339 ジエチルエーテルの引火点−45℃は第4類危険物の中で最も低い。ガソリンは−40℃以下で、アセトンは−20℃である。エタノールの13℃はこの4つのうちで最も高い。

Point 34 特殊引火物（第4類危険物） 📖 36・37・38

1気圧において発火点100℃以下のもの、または引火点が−20℃以下で沸点40℃以下のものをいいます。第4類危険物では最も危険性の高い物品が該当します。

	ジエチルエーテル	二硫化炭素	アセトアルデヒド
引火点℃	−45	−30以下	−39
発火点℃	160	90	175
沸点℃	34.6	46	21
燃焼範囲vol%	1.9〜36	1.3〜50	4.0〜60
比重	0.7	1.3	0.8
液体の形状	無色透明		
蒸気の臭気	刺激臭	不快臭	刺激臭
毒性	麻酔性	有毒	有毒
水への溶解	わずかに溶ける	非水溶性	水溶性

● ジエチルエーテルの引火点は、第4類危険物で最も低い。
● 二硫化炭素の発火点は、第4類危険物で最も低い。
● 二硫化炭素は水より重く水に溶けないので水中貯蔵する。

Point 35 第1石油類（第4類危険物） 📖 39・40・41

1気圧において、引火点が21℃未満のものをいいます。第1から第3までの石油類の物品は、非水溶性と水溶性に分かれます。第1石油類ではガソリンが最も重要です。

	ガソリン	ベンゼン	アセトン
引火点℃	−40以下	−11.1	−20
発火点℃	約300	498	465
沸点℃	40〜220	80	56
燃焼範囲vol%	1.4〜7.6	1.2〜7.8	2.5〜12.8
比重	0.65〜0.75	0.9	0.8
液体の形状	オレンジ色	無色透明	無色透明
蒸気の臭気	特有の臭い	芳香臭	特異な臭気
毒性	—	有毒	—
水への溶解	非水溶性	非水溶性	水溶性

● ガソリンは引火点が低いため非常に引火しやすい。
● 自動車ガソリンは、灯油や軽油と識別するためオレンジ色に着色されている。

Point 36 アルコール類（第4類危険物） 🔋42

　1分子を構成する炭素の原子の数が1個から3個までの飽和1価アルコールをいいます。メタノールとエタノールが重要です。

メタノール	エタノール
無色透明の液体で芳香臭がする	
引火点が常温（20℃）より低い	
水と有機溶剤によく溶ける	
毒性がある	麻酔性がある

● アルコール類は水によく溶け、普通の泡消火剤の泡を溶かしてしまうので、水溶性液体用泡（耐アルコール泡）を使用する。

第2石油類とは、1気圧において引火点が21℃以上200℃未満の引火性液体をいう。

 第2石油類の灯油、軽油、キシレン、クロロベンゼン、酢酸のうち、水溶性の物品は酢酸だけである。

 第2石油類の物品は、すべて原油から分留された石油製品である。

 灯油の引火点は40℃以上、軽油は45℃以上であり、どちらも常温（20℃）より高い。

 灯油と軽油の発火点は、どちらも100℃以下である。

 灯油は無色またはやや黄色（淡紫黄色）の液体だが、軽油は淡黄色または淡褐色の液体である。

 灯油はディーゼル機関などの燃料として使用されるため、一般にはディーゼル油とも呼ばれている。

第2石油類には水溶性液体と非水溶性液体があり、指定数量が異なります。灯油、軽油は第3石油類の重油と比較してよく出題されやすい物品です。

3行ポイント

A340

第2石油類の引火点は1気圧において21℃以上70℃未満である。第3石油類が70℃以上200℃未満である。🎲 35

×

A341

第2石油類の水溶性の物品には酢酸のほか、アクリル酸やプロピオン酸がある。

○

A342

灯油や軽油などは原油から分留された石油製品だが、第2石油類の物品のすべてが原油からの分留で得られるわけではない。

×

A343

灯油も軽油も常温では引火しないが、加熱されて液温が引火点以上になると、ガソリン同様に引火しやすくなり非常に危険である。🎲 43

○

A344

灯油と軽油の発火点はどちらも220℃であり、100℃より高い。ただしガソリンの発火点約300℃に比べると低いことに注意する。🎲 43

×

A345

灯油と軽油は、液体の色のほか、軽油の方が灯油より硫黄の含有量が多いことなどに違いがある。

○

A346

設問の記述は灯油ではなく軽油の説明である。灯油はストーブの燃料（白灯油と呼ばれる）や溶剤などに使用されている。

×

Q347 灯油や軽油をぼろ布などにしみ込ませておくと、引火の危険性が高くなる。

 Q348 灯油と軽油は水に溶けないが、有機溶剤にはどちらもよく溶ける。

 Q349 酢酸は、常温よりやや低い温度で凝固する。

 Q350 酢酸は、無色透明で無臭の液体である。

 Q351 酢酸は水より重いが、クロロベンゼンは水よりも軽い。

 Q352 アクリル酸は、無色透明な液体で刺激臭があり、水やエーテルに溶ける。

 Q353 クロロベンゼンと2-プロパノールは、どちらも無色無臭の液体である。

灯油や軽油を霧状にしたり布などにしみ込ませ
たりすると、空気との接触面積が大きくなり、
熱伝導も少なくなるため、引火の危険性が高く
なる。クロロベンゼンやキシレンも同様。

 灯油と軽油は、どちらも水および有機溶剤に溶
けない。 ✕

 酢酸の凝固点は約16.7℃なので、純粋に近い酢
酸は冬期になると氷結する。このため、一般には
濃度96%以上の酢酸を氷酢酸と呼んでいる。

 酢酸には刺激性の臭気（酢の臭い）がある。

 酢酸の液比重は1.05であり、クロロベンゼンも
1.1なので、どちらも水より重い。水より重い
第4類危険物としては、二硫化炭素もある。

 アクリル酸は、無色透明な液体で刺激臭があり、
水やエーテルに溶ける。また、腐食性がある、
重合しやすく、重合熱が大きいので発火・爆発
の危険がある（市販のものは重合防止剤を添加）
などの特徴がある。

 クロロベンゼンと2-プロパノールは無色透明
の液体だが、クロロベンゼンには臭気があり、
2-プロパノールは特有の芳香を持っている。

灯油と軽油はどちらも静電気を蓄積しやすいので、激しい動揺や流動を避ける。

 軽油は水より軽いが、灯油は水よりやや重い。

 ガソリンを貯蔵していたタンクにそのまま灯油を入れると、爆発することがある。

 キシレンは水に溶けず、比重は1より大きい。

 n-ブチルアルコールの引火点は、常温（20℃）よりも高い。

 酢酸は水にも有機溶剤にもよく溶け、水溶液は弱酸性を示し、腐食性が強い。

A354 灯油と軽油はともに非水溶性で流動等によって
静電気が発生・蓄積しやすい。

 A355 軽油の比重は0.85程度、灯油は0.8程度なので、
どちらも水より軽い。

 A356 タンク内に充満していたガソリンの蒸気の一部
が灯油に吸収され、蒸気の濃度が燃焼範囲まで
下がり、灯油の流入で発生した静電気の放電火
花によって引火し爆発することがある。

 A357 キシレンには3種類の異性体が存在するが、い
ずれも非水溶性で比重は1より小さい。

 A358 n-ブチルアルコールは飽和1価アルコールで、
炭素原子の数が4個なので、消防法上のアルコ
ール類には該当せず、引火点が37℃であること
から第2石油類に指定されている。

 A359 酢酸を保管する際は、腐食に耐えられる容器を
使用しなければならない。また、皮膚に触れる
と火傷を起こす危険がある。

A359　酢酸の腐食性…酢酸そのものよりも酢酸の
水溶液（弱酸性）の方が腐食性が強力

危険物の性質ならびにその火災予防および消火の方法

139

Lesson.7 第3石油類 （第4類危険物） ⇨速P.146

Q360 第3石油類とは、1気圧において引火点が70℃以上200℃未満の引火性液体をいう。

Q361 第3石油類の物品では、重油やクレオソート油などが非水溶性、アニリンやニトロベンゼンなどが水溶性に区分される。

Q362 重油は淡黄色または淡褐色の、粘性のある液体である。

Q363 重油は、いろいろな炭化水素の混合物である。

Q364 日本産業規格では、重油をA重油、B重油およびC重油の3種類に分類している。

Q365 日本産業規格では、C重油は、引火点60℃以上と定められている。

Q366 ガソリン、灯油および軽油は水よりも軽いが、重油は水より重い。

第3石油類の中でも重油はよく出題されます。重油の特性や消火方法、指定数量など確実に覚えて。そのほかの代表的な物品の形状、性状も覚えましょう。

A360 第4類危険物は基本的に<u>引火点</u>の違いによって<u>7つ</u>の品名に分類されているので、それぞれの品名の引火点を覚えることが重要である。

A361 アニリンとニトロベンゼンも<u>非水溶性</u>である。第3石油類の水溶性の物品にはグリセリンやエチレングリコールなどがある。

A362 重油には粘性があるが、液体の色は褐色または暗褐色である。淡黄色または淡褐色というのは軽油の色である。🎲 **45**

A363 重油は、原油を蒸留する過程でガソリンや灯油、軽油を取り出した後に残った<u>石油製品</u>であり、いろいろな炭化水素の<u>混合物</u>である。

A364 重油は日本産業規格によって、粘りの少ない順に<u>1種</u>（A重油）、<u>2種</u>（B重油）、<u>3種</u>（C重油）に分類されている。🎲 **45**

A365 引火点は、A重油とB重油が<u>60℃以上</u>、C重油は<u>70℃以上</u>と定められている。なお、引火点が70℃未満の重油も第3石油類に指定される。🎲 **45**

A366 その他の第3石油類は水よりも重いが、重油の液比重は0.9〜1.0であり、一般に水より<u>やや軽い</u>ことに注意する。決して「重い油」ではない。

危険物の性質ならびにその火災予防および消火の方法

重油は火災になると消火が困難であるが、消火方法としては窒息消火が効果的である。

 重油の発火点は60〜150℃であり、灯油や軽油の発火点より低い。

 重油に含まれている硫黄は、燃えると有毒ガスになる。

 クレオソート油は水に溶けず、アルコールなどにも溶けない。

 グリセリンは、粘性のある液体であり、水によく溶けて吸湿性が強い。

 クレオソート油には色がついているが、グリセリンは無色の液体である。

 重油、クレオソート油、アニリン、グリセリンは、すべて無臭の液体である。

A367 重油は発熱量が大きいため消火が<u>困難</u>となるが、泡消火剤、ハロゲン化物、二酸化炭素、粉末消火剤などを使用して<u>窒息</u>消火する。

A368 重油の発火点は<u>250</u>〜<u>380</u>℃であり、灯油や軽油の<u>220</u>℃より高い。なお、60〜150℃というのは重油の<u>引火点</u>である。🎲 45

A369 <u>硫黄</u>は不純物として重油に含まれており、これが燃えると有毒な<u>亜硫酸ガス</u>（二酸化硫黄）となる。

A370 クレオソート油は<u>水</u>には溶けないが、ベンゼンや<u>アルコール</u>などには溶ける。

A371 グリセリンは<u>水</u>と<u>エタノール</u>に溶け、ベンゼンや二硫化炭素には溶けない。強い吸湿性がある。

A372 クレオソート油は黄色または<u>暗緑色</u>の液体である。一方、グリセリンは無色である。

A373 グリセリンは<u>無臭</u>だが、重油とアニリンはともに特異な臭気があり、クレオソート油にも特有の防腐剤臭がある。

Q374 第4石油類とは、1気圧において引火点が70℃以上250℃未満の引火性液体をいう。

Q375 ギヤー油、シリンダー油などの潤滑油は、第4石油類に該当するものが多い。

Q376 第4石油類の物品には、加熱しなくても引火する危険性の高いものが多い。

Q377 第4石油類の物品を霧状にした場合は、引火点より低い液温でも引火する危険性がある。

Q378 第4石油類は一般に水によく溶け、また粘度が高いという性質がある。

Q379 第4石油類には潤滑油だけでなく、可塑剤なども含まれる。

Q380 第4石油類の物品は、すべて水より重い。

第4石油類は機械などの潤滑油として使われます。いずれも引火点が高く、加熱しない限り引火する危険性はありません。第4石油類の定義を理解しましょう。

 3行 ポイント

 A374 □□ 第4石油類の引火点は1気圧において70℃以上ではなく、<u>200℃以上250℃未満</u>である。なお、第3石油類は70℃以上200℃未満である。

A375 □□ モーター油(エンジンオイル)やギヤー油などの<u>自動車用潤滑油</u>、マシン油やシリンダー油などの<u>一般機械用潤滑油</u>などが該当する。

 A376 □□ 第4石油類は引火点が高く(200℃以上)、揮発性がほとんどないため、一般に加熱しない限り<u>引火</u>する危険性はない。 46

A377 □□ 霧状にすると、空気と触れる面積が大きくなり、また熱伝導も少なくなるため、<u>引火</u>する危険性が高まる。

 A378 □□ 第4石油類は<u>粘度</u>の高い液体だが、水には溶けない。

A379 □□ <u>可塑剤</u>とはプラスチックや合成ゴムに柔軟性を与えたり、成型加工したりする際に使う物質。フタル酸エステル、りん酸エステルなどがある。

A380 □□ 第4石油類のほとんどは<u>水より軽い</u>が、りん酸エステルの1つであるりん酸トリクレジルは、液比重1.16で水より重い。

危険物の性質ならびにその火災予防および消火の方法

第4石油類は、いったん燃え出しても消火する
ことは容易である。

 第4石油類の火災に対し、水系の消火剤を使用
するのは不適切である。

 第4石油類の火災に対し、粉末消火剤の放射に
よる消火は有効である。

 灯油、軽油、重油、ギヤー油は、すべて引火点
が常温（20℃）よりも高い。

 シリンダー油→ガソリン→メタノールは、引火
点の高いものから低いものへと並べた順序とし
て正しい。

 二硫化炭素→酢酸→重油→ギヤー油は、引火点
の低いものから高いものへと並べた順序として
正しい。

 潤滑油であれば、引火点が200℃未満であっても
第4石油類に区分される。

第4石油類はいったん火災になると液温が非常に高くなるため、重油火災の場合と同様、消火が<u>困難</u>となる。

 第4石油類は発熱量が大きく、燃え出すと液温が非常に高くなるため、消火が<u>困難</u>となる。<u>水系</u>の消火剤を使うと水分が水蒸気爆発を起こし、燃えている油を噴き上げるので危険。

 第4石油類は、泡消火剤、二酸化炭素、ハロゲン化物のほか、粉末消火剤を使用して<u>窒息消火</u>するのが効果的である。

 第2石油類（灯油、軽油）、第3石油類（重油）、第4石油類（ギヤー油）の引火点はどれも<u>常温より高い</u>。

 ガソリンの引火点は−40℃以下。メタノールは<u>11</u>℃なので、メタノールの方が高い。シリンダー油の引火点は250℃程度。

 特殊引火物（二硫化炭素）、第2石油類（酢酸）、第3石油類（重油）、第4石油類（ギヤー油）と引火点の<u>低い</u>順に並んでいる。

 ギヤー油とシリンダー油だけは引火点に関係なく<u>第4石油類</u>に区分される。しかし、それ以外で引火点200℃未満のものは<u>第3石油類</u>に区分される。

Q388 動植物油類とは、動物の脂肉等または植物の種子や果肉などから抽出した油で、１気圧において引火点200℃未満のものをいう。

Q389 動植物油類の引火点は、ほとんどが100〜150℃程度であり、常温（20℃）で引火する危険性はない。

Q390 動植物油類は一般に水よりも軽く、水に不溶である。

Q391 動植物油類が燃えているとき、これに注水するのは危険である。

Q392 動植物油のような脂肪油は、乾性油、半乾性油、不乾性油に分けられる。

Q393 乾性油よりも不乾性油の方が、不飽和脂肪酸を多く含んでいる。

Q394 不飽和脂肪酸を多く含むほど酸化が起こりやすく、固化しやすい。

よう素価の小さいもの（不乾性油）や大きいもの（乾性油）の代表的な例や、自然発火のしやすさ、その要因も覚えましょう。

3行ポイント

A388 動植物油類の引火点は200℃未満ではなく、250℃未満である。なお、引火点250℃以上のものは、消防法ではなく市町村条例の規制対象となる。 ✕

A389 動植物油類の引火点は一般に200℃以上である。そのため、常温で引火する危険性は少ない。 ✕

A390 動植物油類は液比重が0.9程度であり、水よりも軽い。また、水には溶けない。 ○

A391 動植物油類が燃えているときは液温が非常に高くなっているため、注水すると、燃えている油が飛び散って火傷する危険がある。 ○

A392 空気中で固化しやすい脂肪油を乾性油、固化しにくい脂肪油を不乾性油、その中間の性質のものを半乾性油という。🎲47 ○

A393 不飽和脂肪酸を多く含んでいるのは、乾性油である。🎲47 ✕

A394 不飽和脂肪酸の二重結合の部分では化学反応が起こりやすく、空気中の酸素と結びついて酸化反応が進みやすい。この酸化によって脂肪油が樹脂状に固まることを固化という。 ○

危険物の性質ならびにその火災予防および消火の方法

不飽和脂肪酸を多く含むものほど、自然発火を起こしにくい。

 よう素価が大きいほど、その脂肪油は不飽和度が高い。

 よう素価が大きい動植物油類ほど、自然発火を起こしにくい。

 乾性油はよう素価が大きく、不乾性油はよう素価が小さい。

 乾性油の方が不乾性油よりも自然発火しやすい。また、発生する熱が蓄積されやすい状態にあるほど自然発火が起こりやすい。

 アマニ油は不乾性油であり、ヤシ油は乾性油である。

 アマニ油は、ぼろ布やウエス（作業に使用する拭き布）などにしみ込ませて放置しておくと、自然発火を起こす危険がある。

A395
不飽和脂肪酸が多いほど酸化が起こりやすく、
このとき発生する酸化熱が蓄積されて発火点に
達すると自然発火が起こるので、不飽和脂肪酸
を多く含むほど自然発火を起こしやすい。

A396
よう素価は脂肪油の不飽和度の高さを表す数値
であり、不飽和度とは脂肪酸1分子に含まれる
不飽和結合（二重結合）の数である。

A397
よう素価が大きいほど不飽和度（二重結合の数）
が高く、それだけ酸化反応が進むので、酸化熱
が蓄積されて自然発火を起こしやすい。

A398
乾性油はよう素価が大きいため酸化反応が進み
やすく、固化しやすい。逆に、不乾性油が固化
しにくいのは、よう素価が小さいためである。

A399
乾性油の方が酸化反応が進むので自然発火しや
すい。また、酸化の際の酸化熱が蓄積されるほ
ど発火点に達しやすい。

A400
よう素価が130以上で乾性油、100以下の場合
は不乾性油である。アマニ油は乾性油、ヤシ油
は不乾性油である。🎲47

A401
アマニ油はよう素価が大きいので酸化しやす
く、また、布などにしみ込ませて放置しておく
と熱が蓄積して自然発火を起こしやすい。

Point 37　第2石油類（第4類危険物）　43・44

　1気圧において引火点が21℃以上70℃未満のものをいいます。非水溶性では灯油と軽油、水溶性では酢酸が重要です。

	灯　油	軽　油
引火点	40℃以上	45℃以上
発火点	220℃	220℃
液体の色	無色またはやや黄色（淡紫黄色）	淡黄色または淡褐色
溶　解	水にも有機溶剤にも溶けない	
静電気	電気の不導体で静電気が発生しやすい	

- 軽油は、一般にはディーゼル油とも呼ばれる。
- 酢酸は水と有機溶剤に溶け、水より重く、腐食性がある。
- 第2石油類は引火点が常温（20℃）より高いため、常温では引火しないが、加熱等によって液温が引火点以上になると引火する危険がある。
- 引火点以下でも、霧状にしたり布などにしみ込ませたりすると空気と触れる面積が大きくなり、また熱伝導も少なくなるため、引火の危険性が高くなる。

Point 38　第3石油類（第4類危険物）　45

　1気圧において引火点が70℃以上200℃未満のものをいいます。最も重要な物品は重油です。

重油の性状をまとめると次の通りです。

形　状	褐色または暗褐色の粘性のある液体
臭　気	特異な臭気
比　重	0.9〜1.0　水よりやや軽い
引火点	60〜150℃　常温よりかなり高い
発火点	250〜380℃

- 日本産業規格では、重油を1種（A重油）、2種（B重油）、3種（C重油）に分類している。
- 重油は発熱量が大きいため、消火が非常に困難となる。
- 重油以外の第3石油類は水より重い。

Point 39 第4石油類と動植物油類（第4類危険物）

46・47

❖第4石油類

　1気圧において引火点200℃以上250℃未満の危険物です。ギヤー油やシリンダー油などの潤滑油のほか、可塑剤などが該当します。

❖動植物油類

　動物の脂肉や植物の種子などから抽出した油で、1気圧において引火点250℃未満のものをいいます。よう素価が大きいものほど自然発火しやすい性質があります。

よう素価　大	よう素価　小
不飽和脂肪酸多い	不飽和脂肪酸少ない
乾性油	不乾性油
アマニ油	ヤシ油
自然発火しやすい	自然発火しにくい

危険物の性質ならびにその火災予防および消火の方法

153

第2章　第4類以外の危険物

Lesson.1 第4類以外の危険物 ⇨速P.158

 第1類危険物を可燃物と混合すると、激しい燃焼、爆発を起こす危険性がある。

 第1類危険物は、周囲の可燃物の燃焼を著しく促すほか、自分自身も激しく燃焼する。

 第1類危険物を保管する際は、火気、加熱を避け、衝撃や摩擦などを与えないようにする。

 第2類危険物を酸化剤と混合すると、爆発する危険性がある。

 第2類危険物には、水分と接触して発火するものはない。

 第2類危険物のうち、微細な粉末状のものは空気中で粉じん爆発を起こす危険がある。

第1類、第2類、第3類、第5類、第6類の共通する
特性や代表的な物品名も覚えておきましょう。ゴロ合
わせを上手に使うといいですよ。

A402 第1類危険物は他の物質を酸化する<u>強酸化剤</u>で
あり、可燃物や酸化されやすい物質と混合する
と非常に激しい燃焼、爆発を起こす危険性があ
る。

A403 第1類危険物は分子構造中に酸素を含み、それ
を他の物質に供給して、他の物質を燃えやすく
するが、自分自身は燃焼しない<u>不燃性</u>物質であ
る。

A404 第1類危険物は、加熱、衝撃、摩擦等により分
解して<u>酸素</u>を放出するため、これらを避けるこ
とが火災予防につながる。

A405 第2類危険物は酸化されやすい<u>還元性</u>の物質で
あり、第1類危険物などの酸化剤との接触、混
合または打撃によって爆発する危険性がある。

A406 <u>粉末状</u>にしたマグネシウムやアルミニウムは、
空気中の水分と接触して自然発火することがあ
る。

A407 赤りんや粉末状の硫黄などは、空気中で<u>粉じん
爆発</u>を起こしやすい。

危険物の性質ならびにその火災予防および消火の方法

第３類危険物のうち、禁水性の物質は水との接触を避け、自己反応性の物質は空気との接触を避けるが、両方の性質を持つ物質はない。

第３類危険物の火災に対しては、水・泡系、粉末系のいずれの消火剤を使用しても有効である。

第３類危険物には、不活性ガスや保護液の中に貯蔵しなければならないものがある。

第５類危険物は、固体で分子構造中に酸素を含み、加熱、衝撃等により分解してその酸素を放出し、他の物質を燃えやすくする。

第５類危険物の火災に対し、窒息消火は有効ではない。

第６類危険物は、可燃物の燃焼を促す性質を有する固体の物質である。

第１類と第６類危険物が酸化性の物質であるのに対し、第２類と第４類危険物は還元性の物質である。

A408 自己反応性の物質は、第5類危険物に属する。第3類危険物には、<u>禁水性</u>の物質と<u>自然発火性</u>の物質があり、多くは両方の性質を持つ。🎲 34

 A409 禁水性物質は水と接触すると可燃性ガスを発生したり発火したりするため、<u>水・泡系</u>の消火剤を使用することができない。

 A410 アルキルアルミニウムは<u>窒素</u>などの不活性ガスの中に貯蔵し、ナトリウムは保護液である<u>灯油</u>の中に小分けして貯蔵する。

 A411 設問文は第1類危険物の性質である。第5類危険物は自ら放出した酸素によって自分自身が爆発的に燃焼する<u>自己反応性</u>物質（固体・液体）である。🎲 34

 A412 自ら<u>酸素</u>の供給源となる第5類危険物の火災に対しては、周囲からの<u>酸素</u>供給を断つ<ruby>窒息<rt>ちっそく</rt></ruby>消火は効果がない。

 A413 第6類危険物は<u>酸化性液体</u>であり、可燃物の燃焼を促す<u>液体</u>の物質である。🎲 34

A414 第1類と第6類危険物は他の物質を酸化させる<u>酸化性物質</u>である。第2類と第4類危険物は、自分自身が酸化される（他の物質を還元する）<u>還元性物質</u>である。

重要ポイント
まとめて CHECK!!

Point 40 第4類以外の危険物 34

類	名　称	主な品名
第1類 危険物	酸化性固体	塩素酸塩類 過塩素酸塩類 無機過酸化物 過マンガン酸塩類
第2類 危険物	可燃性固体	赤りん 硫黄 鉄粉 金属粉（アルミニウム粉など） マグネシウム
第3類 危険物	自然発火性物質 および 禁水性物質	カリウム ナトリウム アルキルアルミニウム アルキルリチウム 黄りん
第5類 危険物	自己反応性物質	有機過酸化物 硝酸エステル類 ニトロ化合物
第6類 危険物	酸化性液体	過塩素酸 過酸化水素 硝酸

● 消防法上の危険物は固体と液体のみであり、気体は含まれない

❖**第1類危険物　酸化性固体**

分子内に酸素を含み、加熱や衝撃等で分解してその酸素を放出し、他の物質を燃えやすくする**酸化性**の固体。自分自身は燃えない（**不燃性**）。

❖**第2類危険物　可燃性固体**

火炎によって着火しやすく、または比較的低温で引火する**可燃性**の固体。

❖**第3類危険物　自然発火性物質および禁水性物質**

自然発火性物質は空気にさらされて自然発火する危険があり、禁水性物質は水と接触して可燃性ガスを発生したり発火したりする危険がある。第3類のほとんどはこの両方の性質を持つ。

❖**第5類危険物　自己反応性物質**

一般に分子内に酸素を含み、加熱、衝撃等により分解し、放出した酸素で自分自身が燃焼する**自己反応性**の物質。

❖**第6類危険物　酸化性液体**

一般に分子内に酸素を含み、分解してその酸素を放出し、他の物質を燃えやすくする**酸化性**の液体。自分自身は燃えない（**不燃性**）。

第1類（固体） 第6類（液体）	**酸化性** = 他の物質を酸化 ⇒ 自分は **不燃性**
第2類（固体） 第4類（液体）	**還元性** = 自分は酸化されやすい ⇒ **可燃性**
第3類（固体） または液体）	**自然発火性および禁水性**
第5類（固体） または液体）	**自己反応性**

危険物の性質ならびにその火災予防および消火の方法

第1章　危険物に関する法令と各種申請

Lesson.1 危険物の定義と種類　⇨選P.166

消防法上の危険物とは、同法別表第一の品名欄に掲げる物品で、同表に定める区分に応じ同表の性質欄に掲げる性状を有するものをいう。

消防法では、消火が困難な物品を「危険物」と定め、その貯蔵や取扱い等を規制している。

危険物は第1類から第6類に分類されるほか、特に危険性の高いものは特類に分類される。

危険物は、各類の中でさらに甲種、乙種、丙種の3種類に区分される。

危険物は、第1類から第6類へと順に危険度が増すというわけではない。

塩素ガスやプロパンも消防法の別表第一に掲げられている品名である。

危険物取扱者が取り扱う危険物は消防法に定義された
もので、危険物の性状により第1類から第6類に分類
されています。すべての類を確認しましょう。

A415 <u>消防法</u>の別表第一の品名欄に掲げられていて、
しかも性質欄にある「酸化性固体」などの性状
を有する物品が危険物とされる。

A416 消防法では、<u>火災の危険性</u>が大きい物品を「危
険物」と定め、規制している。

A417 危険性の特に高いものは法令で厳しく規制され
るが、危険物の分類は第1類から<u>第6類</u>までで
あり、特類というものは存在しない。

A418 危険物取扱者免状には<ruby>甲<rt>こう</rt></ruby>種、<ruby>乙<rt>おつ</rt></ruby>種、<ruby>丙<rt>へい</rt></ruby>種の区分
があるが、危険物にこのような区分はない。

A419 類別は危険物の<u>性質</u>に基づく分類であり、危険
性の大小によるものではない。

A420 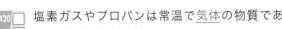 塩素ガスやプロパンは常温で<u>気体</u>の物質であ
り、消防上の危険物ではない。

危険物に関する法令

161

第4類危険物の第1石油類とは、アセトン、ガソリンその他1気圧において引火点が21℃未満のものをいう。

 第4石油類とは、重油やクレオソート油その他1気圧において引火点が70℃以上200℃未満のものをいう。

 1気圧において、発火点100℃以下のものまたは引火点が−20℃以下で沸点40℃以下のものを、特殊引火物という。

 動物の脂肉等または植物の種子や果肉から抽出した油であって、1気圧において引火点が200℃未満のものを、動植物油類という。

 ジエチルエーテルは第1石油類、灯油と軽油は第2石油類にそれぞれ該当する物品である。

 ギヤー油、アマニ油、ヤシ油、シリンダー油は、すべて第4石油類に該当する。

A421 第１石油類は第４類危険物に区分される品名であり、アセトンやガソリンは第１石油類に含まれる物品である。 🎲 **39**

 A422 引火点が70℃以上200℃未満は、第３石油類の定義であり、設問の物品も第３石油類である。第４石油類の引火点は200℃〜250℃未満。🎲 **35**

 A423 発火点が100℃以下であれば特殊引火物であり、また、引火点が-20℃以下で沸点40℃以下のものも特殊引火物である。🎲 **36**

 A424 動植物油類の引火点は、200℃未満ではなく、250℃未満である。

 A425 ジエチルエーテルは第１石油類ではなく、特殊引火物である。🎲 **37**

 A426 ギヤー油とシリンダー油は第４石油類であるが、アマニ油とヤシ油は動植物油類である。

🎲 **47**

 危険物に関する法令

Q427 指定数量とは、危険物の貯蔵または取扱いが消防法による規制を受けるかどうかを決める基準となる数量である。

 Q428 指定数量未満の危険物の貯蔵、取扱いおよび運搬については、消防法ではなく、市町村条例による規制を受ける。

 Q429 第4類危険物の第1石油類から第3石油類については、非水溶性の物品の指定数量が水溶性の物品の2分の1に定められている。

 Q430 第1石油類の非水溶性の指定数量は1,000Lで、水溶性は2,000Lとされている。

 Q431 第1石油類の水溶性とアルコール類の指定数量は、ともに400Lである。

 Q432 第2石油類の非水溶性と第3石油類の水溶性は、指定数量が等しい。

 Q433 特殊引火物、第4石油類、動植物油類の指定数量は、それぞれ50L、5,000L、10,000Lである。

指定数量はよく出題されます。第4類危険物の指定数量は確実に覚えて。第4類危険物の第1～第3石油類では水溶性と非水溶性で指定数量が異なります。

A427 指定数量以上の危険物を貯蔵しまたは取り扱う場合は、消防法による規制を受ける。 〇

A428 指定数量未満の貯蔵と取扱いについては市町村条例による規制を受けるが、運搬については指定数量と関係なく消防法による規制を受ける。 ✕

A429 非水溶性の物品の方が危険性が高いため、少ない量で規制をかける必要があるからである。 〇

A430 第1石油類の指定数量は、非水溶性が200Lで、水溶性が400Lとされている。 48 ✕

A431 第4類危険物の指定数量は、品名と非水溶性・水溶性の別ごとに確実に覚える必要がある。アルコール類の指定数量はすべて400L。 48 〇

A432 指定数量が等しいのは、第2石油類の水溶性と第3石油類の非水溶性であり、どちらも2,000Lとされている。 48 ✕

A433 指定数量は、特殊引火物が50Lで最少、動植物油類が10,000Lで最多である。ギヤー油等の第4石油類は6,000Lである。 48 ✕

危険物に関する法令

Q434 指定数量の倍数とは、貯蔵しまたは取り扱っている危険物の数量が、指定数量の何倍に相当するかを表す数である。

Q435 ガソリン2,000Lを貯蔵している場合、指定数量の2倍のガソリンを貯蔵していることになる。

Q436 屋内貯蔵所で重油を1,000L貯蔵する場合、貯蔵量は指定数量の0.5倍である。

Q437 150Lのアセトアルデヒドと800Lのメタノールを同一の場所で取り扱う場合、指定数量の倍数は5となる。

Q438 軽油200L入りの金属製ドラム缶25本を貯蔵している場合、指定数量の倍数は2.5である。

Q439 灯油500Lとガソリン100Lを同一の場所で取り扱うと、指定数量以上の取扱いとみなされる。

Q440 アセトン、トルエン、ピリジンの指定数量は、すべて400Lである。

A434 危険物ごとに指定数量の倍数を求め、その合計が1以上になる場合は、指定数量以上の貯蔵または取扱いをしているものとみなされる。

 A435 ガソリン（第1石油類の非水溶性）の指定数量は200Lなので、指定数量の10倍貯蔵していることになる。 48

 A436 重油は第3石油類の非水溶性なので指定数量が2,000Lである。したがって、1000÷2000＝0.5倍である。 48

 A437 アセトアルデヒド（特殊引火物）の指定数量は50Lなので150Lは3倍、メタノール（アルコール類）は400Lなので800Lは2倍。合計で5倍になる。 48

 A438 軽油200L入りが25本なので5,000L貯蔵。指定数量は第2石油類の非水溶性だから1,000L。したがって、5000÷1000＝5倍。 48

 A439 灯油500Lは指定数量（1,000L）の0.5倍、ガソリン100Lも指定数量（200L）の0.5倍だが、合計1以上になるので同一の場所で取り扱う場合は指定数量以上の取扱いとみなされる。 48

 A440 アセトン、トルエン、ピリジンは、すべて第1石油類だが、アセトン、ピリジンは水溶性なので、指定数量は、400Lである。一方、トルエンは非水溶性なので、指定数量は200Lである。

Q441
製造所等とは、危険物の製造をする施設のこと
を指す。

 Q442
屋内にあるタンクで危険物を貯蔵または取り扱
う貯蔵所のことを、屋内貯蔵所という。

 Q443
屋外貯蔵所とは、屋外の場所において危険物を
貯蔵または取り扱う貯蔵所をいう。

 Q444
屋外貯蔵所では、金属粉、黄りん、過酸化水素
などの貯蔵はできないが、硫黄を貯蔵すること
はできる。

 Q445
屋外貯蔵所では、灯油、軽油およびガソリンを
貯蔵することができる。

 Q446
屋内タンク貯蔵所とは、屋内貯蔵タンクにおい
て危険物を貯蔵または取り扱う貯蔵所であり、
タンクの容量に制限がある。

 Q447
屋外タンク貯蔵所とは、車両に固定されたタン
クにおいて危険物を貯蔵または取り扱う貯蔵所
をいう。

危険物施設は大きく製造所、貯蔵所、取扱所の3つに区分されます。屋外貯蔵所や販売取扱所などは取り扱える危険物や量が決まっています。

 3行ポイント

A441 危険物を製造する施設は製造所だけである。これに対し「製造所等」という場合は、製造所のほかに<u>貯蔵所</u>と<u>取扱所</u>を含む。 ✕

A442 屋内にあるタンクで危険物を貯蔵または取り扱う貯蔵所は、<u>屋内タンク貯蔵所</u>である。 ✕

A443 屋外貯蔵所は、貯蔵または取扱いのできる危険物が<u>限定</u>されていることに注意する。 ○

A444 屋外貯蔵所で貯蔵・取扱いができるのは、第2類危険物の<u>硫黄（いおう）</u>と<u>引火性固体</u>（引火点0℃以上）と<u>第4類危険物</u>（例外あり）だけ。 📖 54・55・56 ○

A445 屋外貯蔵所では<u>特殊引火物</u>を除く第4類危険物の貯蔵ができるが、第1石油類は引火点<u>0℃以</u>上のものに限られるのでガソリン（引火点−40℃以下）は貯蔵できない。 📖 55・56 ✕

A446 屋内貯蔵タンクの容量は、原則として指定数量の<u>40</u>倍以下に制限されている。 ○

A447 車両に固定されたタンクにおいて危険物を貯蔵または取り扱う貯蔵所は、<u>移動タンク貯蔵所</u>（タンクローリー）である。 ✕

危険物に関する法令

Q448 簡易タンク貯蔵所とは、地盤面下に埋没されているタンクにおいて危険物を貯蔵または取り扱う貯蔵所をいう。

 Q449 移動タンク貯蔵所は、一般にタンクローリーと呼ばれており、タンクの容量に制限がある。

 Q450 給油取扱所とは、固定給油設備によって自動車等の燃料タンクに直接給油するために危険物を取り扱う取扱所をいう。

 Q451 販売取扱所とは、店舗において顧客の燃料タンクに危険物を詰め替えて販売するために危険物を取り扱う取扱所をいう。

 Q452 販売取扱所には第1種と第2種があり、取り扱う危険物の指定数量の倍数が15以下のものを第1種販売取扱所という。

 Q453 一般取扱所とは、配管およびポンプならびにこれらに付属する設備によって危険物の移送の取扱いを行う取扱所をいう。

 Q454 給油取扱所、販売取扱所、移送取扱所のどれにも該当しない取扱所を、一般取扱所という。

A448 簡易タンク貯蔵所は、簡易貯蔵タンクにおいて危険物の貯蔵・取扱いをする貯蔵所である。タンク1基の容量は600L以下に制限されている。

A449 タンクローリーなどの移動タンク貯蔵所のタンクの容量は30,000L以下とされている。

A450 給油取扱所では、灯油や軽油を容器などに詰め替えるために固定注油設備によって危険物を取り扱うこともできる。ガソリンスタンドは給油取扱所に該当する。

A451 販売取扱所とは、店舗において、容器入りのまま販売するために危険物を取り扱う取扱所をいう。危険物を詰め替えて販売してはならない。

A452 第2種販売取扱所が取り扱う危険物の指定数量の倍数は15を超え40以下とされており、第1種よりも多量の危険物を取り扱う。

A453 配管およびポンプならびにこれらに付属する設備によって危険物の移送の取扱いを行う取扱所は、移送取扱所である。工業地帯で見かけるパイプライン施設などが移送取扱所に当たる。

A454 一般取扱所は、ボイラーで重油等を消費する施設や、吹付塗装の作業を行う施設などさまざまである。

455 製造所等を設置するときは、市町村長等の許可を受けなければならない。

 456 製造所等の位置、構造または設備を変更するときは、10日前までに市町村長等に届け出なければならない。

 457 設置の許可は、その製造所等が消防本部および消防署を置く市町村以外にある場合には、その区域を管轄する都道府県知事に申請する。

 458 変更の許可を申請した日から10日を経過すれば、許可が出ていなくても着工することができる。

 459 工事が完了しても、市町村長等の行う完成検査によって基準に適合していることが認められなければ使用を開始することができない。

 460 第4類危険物を貯蔵する屋外タンク貯蔵所を設置する場合にのみ、完成検査前検査を受ける必要がない。

 461 第4類の危険物を貯蔵する屋内貯蔵所を設置する場合、完成検査前検査を受ける必要はない。

製造所等の設置や変更許可申請、仮使用、仮貯蔵等の承認申請はよく出題されます。申請者、手続き事項、申請先等、確実に覚えましょう。

3行ポイント

A455 製造所等を設置する場合は市町村長等に申請して設置許可を受ける必要がある。許可が出ない限りは工事に着工することはできない。

 ○

A456 製造所等の位置、構造または設備を変更する場合は、市町村長等に申請して変更許可を受けなければならない。届出ではダメである。

 ✕

A457 申請先である「市町村長等」とは、消防本部および消防署を置く市町村の場合には市町村長、それ以外の市町村の場合は都道府県知事を指す。

 ○

A458 変更の場合も設置と同様、市町村長等の許可が出ない限り着工できない。

 ✕

A459 工事完了後、市町村長等に完成検査を申請し、技術上の基準に適合していることが認められると完成検査済証が交付され、使用を開始できる。

 ○

A460 第4類危険物や屋外タンクに限らず、液体危険物を貯蔵するタンクを有する製造所等については、製造所等全体の完成検査を受ける前に、そのタンクについて完成検査前検査を受けなければならない。

 ✕

A461 屋内貯蔵所のようにもともと液体危険物タンクのない施設を設置する場合は完成検査前検査を受ける必要がない。

  ○

危険物に関する法令

Q 462 製造所等の設置許可を受けてから完成検査を受けるまでの間、施設の一部を仮に使用することを仮使用という。

Q 463 仮使用とは、製造所等の一部変更工事に伴い、工事部分以外の全部または一部を市町村長等の許可を受けて仮に使用することをいう。

Q 464 指定数量以上の危険物について、10日以内に限り、製造所等以外の場所で貯蔵しまたは取り扱うことを認める制度がある。

Q 465 仮貯蔵・仮取扱いをする場合は、市町村長等に申請して承認を受けなければならない。

Q 466 製造所等の譲渡または引渡しがあったときは、譲受人または引渡しを受けた者は、市町村長等に届け出る必要がある。

Q 467 製造所等の所有者、管理者または占有者は、製造所等の用途を廃止したときは、遅滞なく市町村長等に届け出る必要がある。

Q 468 製造所等の位置、構造または設備を変更しないで、貯蔵する危険物の品名を変更する場合は、市町村長等の許可を受けなければならない。

A462 仮使用は<u>変更工事</u>の場合にだけ認められるものであり、設置工事については認められない。

 A463 仮使用の場合は、市町村長等の許可ではなく<u>承認</u>を受ける必要がある。仮貯蔵・仮取扱いも含めて「仮」がつけば「承認」と覚えておくとよい。

 A464 指定数量以上の危険物は製造所等以外の場所での貯蔵および取扱いが禁止されているが、例外的に<u>仮貯蔵・仮取扱い</u>の制度が認められている。

 A465 仮貯蔵・仮取扱いの場合は市町村長等ではなく、所轄の<u>消防長</u>または<u>消防署長</u>に申請して<u>承認</u>を受ける必要がある。

 A466 製造所等の譲渡または引渡しがあったとき、譲受人または引渡しを受けた者は、市町村長等に遅滞なく<u>届け出</u>なければならない。

 A467 用途の廃止とは危険物施設としての使用を完全に終了することをいう。用途の廃止を市町村長等に<u>届け出</u>ると設置許可の効力が失われる。

 A468 品名変更は許可を受ける必要はなく、市町村長等に<u>届け出</u>るだけでよい。品名変更のほか、数量、指定数量の倍数を変更する場合も同様である。

危険物の品名、数量または指定数量の倍数を変更する届出は、変更した日から10日以内にする必要がある。

 製造所等以外の場所でガソリン150Lを貯蔵する場合は、消防法による申請等の手続きは必要ない。

 仮使用とは、製造所等の完成検査で不合格とされた部分について、仮に使用することをいう。

 製造所等の設置に関する許可申請は、製造所等の所有者等が行うが、製造所等の位置、構造または設備を変更する場合の許可申請は、危険物保安監督者が行う。

 指定数量以上の危険物を、製造所等以外の場所で仮に貯蔵する場合は、貯蔵しようとする日の10日前までに申請しなければならない。

 危険物保安監督者を解任したときは、遅滞なく市町村長等に届け出なければならない。

A469 品名変更等の届出は、変更した日から10日以内ではなく、変更しようとする日の10日前までに行わなければならない。

A470 ガソリンは、非水溶性の第1種石油類なので、指定数量は200Lである。150Lを製造所等以外の場所で貯蔵しても、指定数量未満なので、消防法による規制は受けない。📖 **48**

A471 仮使用は完成検査前の工事期間中に認められるものであり、完成検査で不合格になった部分などについて仮使用を申請することはできない。

A472 製造所等の位置、構造または設備を変更する場合の許可申請も製造所等の所有者等が行う。各種の申請や届出は、原則、製造所等の所有者等が行う。危険物保安監督者等の役職にそうした義務はない。

A473 仮貯蔵期間は10日以内とされている。申請の期限を10日前までとする規定は品名変更等の届出の場合。

A474 危険物保安監督者および危険物保安統括管理者の選任・解任については、遅滞なく市町村長等に届け出る義務がある。

重要ポイント
まとめて CHECK!!

Point 42 指定数量 🎲48

　危険物の貯蔵または取扱いが、消防法による規制を受けるかどうかを決める基準量を指定数量といいます。

危険物の貯蔵または取扱い	
指定数量以上	消防法、政令、規則等による規制
指定数量未満	市町村条例による規制
危険物の運搬	
指定数量に関係なく消防法、政令、規則等による規制	

❖第4類危険物の指定数量

特殊引火物‥‥‥‥‥‥‥‥‥‥‥‥‥‥‥‥‥‥‥‥‥‥　50 L

ガソリンなど（第1石油類の非水溶性）‥‥‥‥‥ 200 L

アルコール類‥‥‥‥‥‥‥‥‥‥‥‥‥‥‥‥‥‥‥ 400 L

灯油・軽油など（第2石油類の非水溶性）‥‥‥ 1,000 L

重油など（第3石油類の非水溶性）‥‥‥‥‥‥ 2,000 L

Point 43 貯蔵所の7つの区分

❖容器に収納して貯蔵

　　　　　　屋内（倉庫）‥‥‥‥‥‥‥‥**屋内貯蔵所**

　　　　　　屋外（野積み）‥‥‥‥‥‥‥**屋外貯蔵所**

❖タンクに貯蔵

　固定タンク　屋内‥‥‥‥‥‥‥‥‥‥**屋内タンク貯蔵所**

　　　　　　屋外‥‥‥‥‥‥‥‥‥‥**屋外タンク貯蔵所**

　　　　　　屋内または屋外‥‥‥‥**地下タンク貯蔵所**

　　　　　　　　　　　　　　　　簡易タンク貯蔵所

　移動タンク‥‥‥‥‥‥‥‥‥‥‥‥‥‥**移動タンク貯蔵所**

Point 44 各種申請手続き

❖各種申請と申請先

申請	手続きの内容	申請先
許可	製造所等の設置	市町村長等
	製造所等の構造等の**変更**	
承認	仮使用	
	仮貯蔵・仮取扱い	消防長・消防署長
検査	完成検査	市町村長等
	完成検査前検査	
	保安検査	
認可	**予防規程の作成・変更**	

❖仮使用と仮貯蔵・仮取扱い

	仮使用	仮貯蔵・仮取扱い
場 所	使用中の製造所等	製造所等以外の場所
内 容	**変更工事中、工事と関係のない部分を仮に使用する**	指定数量以上の危険物を仮に貯蔵し取り扱う
期 間	変更工事の期間中	10日以内
申請先等	市町村長等が承認	消防長または消防署長が承認

Point 45 各種届出手続き

届出を必要とする手続き	届出期限
製造所等の**譲渡**または**引渡し**	遅滞なく
製造所等の用途の**廃止**	遅滞なく
危険物の品名、数量または指定数量の**倍数の変更**	変更しようとする日の10日前まで
危険物保安監督者の選任・解任	遅滞なく
危険物保安統括管理者の選任・解任	遅滞なく

Q475 免状の交付を受けても、製造所等の所有者から選任されなければ危険物取扱者ではない。

 Q476 乙種危険物取扱者が、危険物取扱者以外の者の危険物取扱作業に立ち会う場合は、免状に記載された類のものに限られる。

 Q477 丙種危険物取扱者は、危険物取扱者以外の者の危険物取扱作業に立ち会うことができない。

 Q478 危険物取扱者以外の者でも、指定数量未満であれば、製造所等において危険物の取扱いができる。

 Q479 危険物取扱者以外の者は、甲種危険物取扱者の立会いがあれば、第4類危険物のうち特定の危険物についてのみ取扱いができる。

 Q480 免状の記載事項に変更が生じたときは、免状を交付した都道府県知事、または居住地もしくは勤務地の都道府県知事に再交付を申請する。

 Q481 都道府県知事から危険物取扱者免状の返納を命じられた者は、その日から2年を経過しないと免状の交付が受けられない。

危険物取扱者の免状は取り扱える危険物によって甲、乙、丙種に区分されます。乙種第4類では第4類危険物のみの取扱い、立会いが可能です。

3行ポイント

A475 ☐☐ 危険物取扱者とは、危険物取扱者試験に合格し、都道府県知事から免状の交付を受けた者をいう。製造所等の所有者による選任は必要ない。

 ✕

A476 ☐☐ 乙種危険物取扱者は、免状を取得した類の危険物についてのみ取扱いおよび立会いができる。免状には取得した類が表示されている。

 ○

A477 ☐☐ 丙種危険物取扱者は、第4類危険物のうち特定の危険物についての取扱いはできるが、立会いは一切できない。

 ○

A478 ☐☐ 指定数量未満でも、製造所等で危険物取扱者以外の人間が危険物を取り扱うには、甲種または乙種の危険物取扱者の立会いが必要である。

 ✕

A479 ☐☐ 甲種危険物取扱者の立会いがあれば、危険物取扱者以外の者であってもすべての類の危険物の取扱いができる。

 ✕

A480 ☐☐ 免状の記載事項に変更が生じた場合は再交付ではなく、免状の書換えを申請する。再交付は免状を無くしたり、汚したりしたときに、免状を交付または書換えをした都道府県知事に申請する。

 ✕

A481 ☐☐ 危険物取扱者免状の返納を命じられた者は、その日から1年を経過しないと免状の交付が受けられない。

 ✕

Q482 危険物取扱者が消防法令に違反しているとき、市町村長等は、その危険物取扱者に免状の返納を命じることができる。

 Q483 甲種および乙種の危険物取扱者は3年以内に1回、丙種危険物取扱者は5年以内に1回、保安講習を受けなければならない。

 Q484 保安講習は、製造所等で危険物の取扱いに従事することとなった日から、原則として1年以内に受講しなければならない。

 Q485 製造所等において危険物の取扱作業に従事していない危険物取扱者には、保安講習を受講する義務がない。

 Q486 危険物保安監督者は、甲種または乙種の危険物取扱者であって、製造所等で6カ月以上の実務経験を有する者から選任しなければならない。

 Q487 危険物保安監督者は、危険物施設保安員の指示に従って保安の監督をしなければならない。

 Q488 製造所等の所有者等が危険物施設保安員の選任・解任を行ったときは、遅滞なく市町村長等に届け出なければならない。

A482 危険物取扱者の免状の返納命令を出すのは市町村長等ではなく、その免状を交付した<u>都道府県知事</u>である。

 A483 保安講習の受講義務は甲種、乙種、丙種を問わず、危険物取扱者で危険物の取扱いに従事していれば<u>3</u>年以内ごとに受講する必要がある。

 A484 危険物の取扱いに従事することとなった日の過去<u>2</u>年以内に免状の交付（または保安講習）を受けている場合は、免状の交付（または保安講習）を受けた日以降における最初の4月1日から<u>3</u>年以内に受講すればよい。

 A485 保安講習の受講義務があるのは、<u>危険物取扱者</u>であって、しかも製造所等で現に危険物の取扱作業に<u>従事している者</u>である。

 A486 乙種資格の危険物保安監督者の場合は<u>免状を取得した類</u>の保安監督に限られる。また、<u>丙種危険物取扱者</u>には危険物保安監督者になる資格がない。

 A487 危険物保安監督者の方が、危険物施設保安員に対し必要な<u>指示を与える</u>立場にある。

 A488 危険物施設保安員の選任・解任は<u>届出不要</u>である。なお、危険物保安監督者と危険物保安統括管理者の選任・解任は市町村長等への届出を必要とする。

丙種危険物取扱者は、製造所等において第4類危険物のすべての危険物を取り扱うことができる。

 危険物保安監督者を置く製造所等では、危険物取扱者の立会いがなくても、危険物取扱者以外の者が危険物を取り扱うことができる。

 危険物取扱者免状は、それを取得した都道府県の範囲内だけでなく、全国どこでも有効である。

 免状の汚損または破損によって再交付の申請をする場合は、申請書にその免状を添えて提出しなければならない。

 免状に貼付されている写真が撮影から10年経過したときは、遅滞なく免状の書換えを申請しなければならない。

 危険物取扱者が法令に違反した場合は、1年以内に保安講習を受けなければならない。

 危険物施設保安員は、保安講習を受講しなければならない。

A489 丙種危険物取扱者が取り扱えるのは、第4類危険物のうち、ガソリン、灯油、軽油、第3石油類の重油・潤滑油・引火点130℃以上のもの、第4石油類、動植物油類に限られる。 🖼 49 ×

 A490 危険物保安監督者が置かれていても、危険物取扱者以外の者が危険物の取扱いをする際には危険物取扱者の立会いが必要である。 ×

 A491 危険物取扱者は法律で定められた国家資格なので、免状を取得した都道府県内だけでなく、全国どこでも有効である。 ○

 A492 免状の再交付申請は、免状を亡失・滅失したときだけでなく、汚損・破損した場合にもすることができるが、この場合は免状を添えて申請する。 ○

 A493 「過去10年以内に撮影した写真」が免状の記載事項とされているため、10年を経過するごとに免状の書換えを申請する必要がある。 ○

 A494 保安講習は危険物取扱作業に従事する危険物取扱者が定期的に受講するものであり、法令違反によって受講義務が生じるものではない。 ×

 A495 危険物取扱者でない者でも危険物施設保安員にはなれる。危険物取扱者でない者は、危険物施設保安員であっても受講義務はない。 ×

Q496 受講義務のある危険物取扱者が保安講習を受講しなかったときは、免状の返納を命ぜられることがある。

 Q497 移動タンク貯蔵所は、危険物保安監督者を選任しなくてもよい施設である。

 Q498 危険物施設保安員の選任は、危険物保安監督者が行うこととされている。

 Q499 危険物施設保安員は、危険物保安監督者が旅行、疾病その他の事故により職務を行えない場合、その職務を代行しなければならない。

 Q500 危険物保安統括管理者は、危険物取扱者でなくてもよい。

A496 保安講習の受講は法令に基づく義務なので、これに違反した場合は、免状返納命令の対象となることがある。

A497 危険物の種類や指定数量の大小によっては、危険物保安監督者の選任が必要とされない施設もあるが、移動タンク貯蔵所だけは常に必要とされない施設である。 ◯

A498 危険物保安監督者、危険物施設保安員、危険物保安統括管理者の選任・解任は、製造所等の所有者等が行う。なお、危険物保安監督者と危険物保安統括管理者が、消防法令に違反したりした場合には、市町村長等が所有者等に対して、その解任を命令する。 ✕

A499 危険物保安監督者の職務代行者に関する事項は予防規程に定める事項ではあるが、危険物施設保安員に代行する義務があるわけではない。

A500 危険物保安統括管理者および危険物施設保安員については、資格の規定がない。

右側縦書き危険物に関する法令

Q 501

一定の製造所等に対し、市町村長等が定期的に行う点検のことを、定期点検という。

 Q 502

地下タンク貯蔵所および移動タンク貯蔵所は、指定数量の大小に関係なく定期点検を実施しなければならない施設である。

 Q 503

屋内タンク貯蔵所は、指定数量の大小に関係なく、定期点検を実施しなくてよい。

 Q 504

定期点検は原則として3年に1回実施し、その点検の記録を原則として1年間保存しなければならない。

 Q 505

定期点検は、原則として、危険物取扱者または危険物施設保安員が行わなければならない。

 Q 506

定期点検の実施義務と、記録の保存義務は、危険物保安監督者にある。

 Q 507

危険物取扱者または危険物施設保安員以外の者であっても、危険物取扱者の立会いを受ければ定期点検を行うことができる。

定期点検が必要な事業所や点検時期、記録の保存期間等は、しっかり認識しましょう。予防規程は出題されやすい項目です。

A501 定期点検は市町村長等ではなく、その製造所等の所有者等が実施する。

A502 地下タンク貯蔵所と移動タンク貯蔵所のほか地下タンクを有する製造所・給油取扱所・一般取扱所、および移送取扱所も、指定数量と関係なく定期点検を実施しなければならない。

A503 指定数量の大小と関係なく定期点検を実施しなくてよい施設は、屋内タンク貯蔵所、簡易タンク貯蔵所および販売取扱所である。 51

A504 定期点検は原則として1年に1回以上行うものとされている。また、点検記録は原則として3年間保存しなければならない。

A505 危険物施設保安員に選任されていれば、危険物取扱者ではない者でも、単独で定期点検を行うことができる。

A506 定期点検の実施義務と、記録の保存義務は、製造所等の所有者等にある。

A507 定期点検は、危険物取扱者か危険物施設保安員であればできる。また、定期点検の立会いは、危険物取扱者であればできる。

危険物に関する法令

189

危険物保安統括管理者であれば、危険物取扱者でない者でも単独で定期点検を行うことができる。

 定期点検は、製造所等の位置、構造および設備が、予防規程に適合しているかどうかについて行う。

 危険物施設保安員の立会いを受けた場合、危険物取扱者以外の者でも定期点検を行うことができる。

 定期点検を実施したときは、その結果を市町村長等に報告しなければならない。

 予防規程とは火災予防を目的として製造所等が作成する自主保安基準であり、一定の製造所等の所有者等に作成が義務付けられている。

 製造所は指定数量の倍数が10以上、屋外タンク貯蔵所は指定数量の倍数が200以上の場合に、予防規程の作成が義務付けられている。

 予防規程は、製造所等の自主保安基準なので、所有者等が自ら必要とする事項のみを定めればよい。

A508 危険物保安統括管理者であっても、<u>危険物取扱者</u>か<u>危険物施設保安員</u>でない者は、単独で定期点検を行うことはできない。

 A509 定期点検は予防規程ではなく、政令で定める<u>技術上の基準</u>に適合しているかどうかについて行う。

 A510 定期点検に立ち会うのは<u>危険物取扱者</u>でなければならないので、危険物取扱者の免状の交付を受けていない危険物施設保安員の立会いでは認められない。

 A511 定期点検の<u>記録作成</u>と一定期間の<u>保存</u>は義務付けられているが、市町村長等への報告は必要ない。

 A512 給油取扱所と移送取扱所は指定数量と関係なく<u>予防規程</u>の作成が義務付けられている。 🔖 **52**

 A513 <u>製造所</u>と<u>屋外タンク貯蔵所</u>のほか、一般取扱所、屋内貯蔵所、屋内貯蔵所も、指定数量の倍数が一定以上の場合に予防規程の作成が義務付けられている。

 A514 予防規程に必要な事項は、<u>危険物の規制</u>に関する規則によって定められている。

Q515 製造所等で発生した火災のために受けた損害の調査に関する事項は、予防規程に定めなければならない事項である。

 Q516 予防規程を定めたときおよび変更したときは、市町村長等の認可を受けなければならない。

 Q517 製造所等の所有者等や従業者は、危険物取扱者でない者であっても予防規程を守らなければならない。

 Q518 予防規程は、火災発生の予防を目的としているため、自衛消防組織を設けている製造所等では予防規程を作成する必要がない。

 Q519 製造所等の位置、構造および設備を明示した書類および図面の整備に関することは、予防規程に定める事項に該当する。

 Q520 予防規程の作成は、危険物保安監督者の業務とされている。

A515 予防規程は<u>火災予防</u>を目的とする保安基準なので、<u>火災予防</u>に直結しない事項は定めない。

 A516 市町村長等は、予防規程が火災予防に適当でないと認めるときは<u>認可</u>してはならず、必要があれば予防規程の<u>変更</u>を命じることもできる。

A517 消防法では、製造所等の所有者等およびその<u>従業者</u>は予防規程を守らなければならないとしている。

A518 自衛消防組織の有無は、<u>予防規程</u>の作成義務とは関係がない。むしろ、自衛消防組織に関する事項は予防規程に定める事項の１つとされている。

A519 製造所等の位置、構造および設備を明示した書類および図面の整備に関することのほか、危険物施設の<u>運転・操作</u>、保安のための<u>巡視</u>・点検・<u>検査</u>、非常の場合にとるべき措置に関する事項などが予防規程に定められる。

A520 予防規程は製造所等の<u>所有者等</u>が定める。作成は危険物保安監督者の業務ではない。

重要ポイント まとめて CHECK!!

Point 46　危険物取扱者と免状

　危険物取扱者とは、危険物取扱者試験に合格し、都道府県知事から免状の交付を受けた者をいいます。

	取扱い	立会い
甲種	すべての類の危険物	すべての類の危険物
乙種	免状を取得した類の危険物	免状を取得した類の危険物
丙種	第４類の特定の危険物	できない

❖免状の交付等の手続き

①免状の交付…受験した都道府県の知事に申請
②書換え……… ● 氏名・本籍地の都道府県が変わったとき
　　　　　　　　● 免状の写真が10年経過したとき
③再交付………免状を亡失・滅失・汚損・破損したとき
④亡失した免状を発見したとき
　　　　　………発見した免状を10日以内に提出

Point 47　保安講習

● **受講義務者**

　現に危険物の取扱作業に従事している危険物取扱者

● **受講時期**

　原則、危険物の取扱いに従事することとなった日から
　１年以内に受講し、その後は受講した日以降における
　最初の４月１日から３年以内ごとに受講を繰り返す

● **受講地**

　全国どこの都道府県で受講してもかまわない

Point 48　危険物保安監督者等　 50

　危険物保安監督者は、危険物取扱作業の保安に関する
監督の業務を行う者をいいます。

選任を常に必要とする施設	常に必要としない施設
● 製造所 ● 屋外タンク貯蔵所 ● 給油取扱所 ● 移送取扱所	● 移動タンク貯蔵所のみ

	資　格	選解任の届出
危険物保安監督者	甲種または乙種 実務経験6カ月以上	市町村長等に届出
危険物施設保安員	不要	不要
危険物保安統括管理者	不要	市町村長等に届出

Point 49　定期点検と予防規程　 51

❖定期点検

点検の回数	原則1年に1回以上
記録の保存	原則3年間
点検を行う者	危険物取扱者または危険物施設保安員 （危険物取扱者の立会いがあればこれ以外の者 もできる）
必ず実施する 施設	地下タンク貯蔵所、移動タンク貯蔵所、移送取 扱所、地下タンクを有する製造所・給油取扱所・ 一般取扱所

❖予防規程

　火災を予防するため、一定の製造所等の所有者等に作
成が義務付けられている自主保安基準。定めたときと変
更したときは市町村長等の認可が必要。

Lesson.1 保安距離と保有空地　　　　　⇨速P.196

 Q521 保安距離とは、住宅や学校等の保安対象物と製造所等との間に確保すべき一定の距離のことをいう。

 Q522 保安距離を必要とする危険物施設は、製造所、屋内貯蔵所、屋外貯蔵所および屋外タンク貯蔵所の4つである。

 Q523 一般の住居と製造所等との間には、原則として10m以上の保安距離を保つ必要がある。

 Q524 学校や病院等と製造所等との間には、原則として20m以上の保安距離を保つ必要がある。

 Q525 保安対象物とされる学校の中に幼稚園は含まれるが、大学は含まれない。

 Q526 重要文化財の仏像を保管している倉庫と製造所等との間には、50m以上の保安距離を保つ必要がある。

保安距離や保有空地はよく出題されます。製造所等にはこれらが必要なものとそうでないものがあります。保有空地は指定数量の倍数によっても幅が異なります。

3行ポイント

 A521 □□ 保安距離は、製造所等に火災などが起きたとき、保安対象物に影響を及ぼさないための一定の距離。延焼防止や住民の避難、消防活動に役立つ。

 A522 □□ 保安距離が必要な危険物施設は、製造所、屋内貯蔵所、屋外貯蔵所、屋外タンク貯蔵所、一般取扱所の5つ。タンク貯蔵所では「屋外」だけ、取扱所では「一般」だけと覚える。 **53**

A523 □□ 一般の住居の中でも、製造所等と同一の敷地内にある住居については、10m以上の保安距離を保つ必要はない。

危険物に関する法令

A524 □□ 学校、病院、劇場等、多数の人を収容する施設と製造所等との間には、原則として30m以上の保安距離が必要である。

 A525 □□ 保安対象物でいう「学校」の中には、大学、短期大学、予備校は含まれない。

 A526 □□ 保安距離が50m以上なのは、重要文化財等に指定された建造物である。保管されている仏像等ではなく、建造物そのものが重要文化財等でなければ保安距離は必要ない。

使用電圧35,000V超の特別高圧埋設電線と製造所等との間には、水平距離で5m以上の保安距離を保つ必要がある。

 保有空地とは、火災時の消防活動および延焼防止のために製造所等の周囲に確保する空地のことをいう。

 保有空地内には、消火活動に必要な備品等を置くことができる。

 保有空地の幅は、保有空地を必要とするすべての製造所等において同一である。

 屋外に設置する簡易タンク貯蔵所は、保有空地を必要とする。

 保安距離を保つ必要がある施設は、保有空地を確保する必要はない。

 指定数量の倍数が10を超える製造所の保有空地の幅は、5m以上とされている。

A527 特別高圧架空電線（空中にかけ渡した電線）は保安対象物であるが、特別高圧埋設電線（地中に埋められている電線）は保安対象物ではないため、保安距離を必要としない。

A528 保安距離と同様に、保有空地を必要とする製造所等も限られている。 **O**

A529 保有空地内にはどのような物品であっても一切置くことができない。

A530 製造所等の種類ごとに、指定数量の倍数や建物の構造等により異なった保有空地の幅が定められている。

A531 保有空地を必要とする施設は、保安距離を必要とする5つの施設に屋外設置の簡易タンク貯蔵所と地上設置の移送取扱所を加えた7つである。🎲 53

A532 保安距離が必要な5種類の製造所等では、保有空地も必要とする。なお、保有空地が必要な製造所等には、さらに2種類が加わる。

A533 製造所は、指定数量の倍数によって保有空地の幅が異なる。10以下の場合は3m以上、10を超える場合は5m以上とされている。

製造所の屋根は不燃材料でつくり、金属板等の軽量な不燃材料でふく。

 製造所は、壁、柱、床、梁および階段を耐火構造にする必要がある。

 製造所の窓および出入口には防火設備を設け、窓または出入口にガラスを用いる場合は網入りガラスとする。

 製造所の液状危険物を取り扱う建物の床は、危険物がよく浸透する構造とし、漏れた危険物を貯留する設備を設ける。

 製造所には、地階を設けてはならない。

 製造所には、採光の目的以外で窓等を設けてはならない。

製造所の建物の構造・設備に関する基準は出題されやすい項目。製造所の基準は他の危険物施設の建物の基準と共通点が多いので、ここで確実に覚えましょう。

3行ポイント

A534 屋根を不燃材料でふくとは、屋根を<u>不燃材料で覆うこと</u>。建物内で爆発が起きても、爆風が<u>上に抜ける</u>ようにするために、薄い金属板等、軽量な不燃材料でふくのである。

○

A535 製造所の壁、柱、床、梁、階段は、<u>不燃材料で</u>つくればよい。ただし、延焼のおそれのある外壁は、出入口以外の開口部を有しない<u>耐火構造</u>にする。

✕

A536 延焼のおそれのある外壁に設ける出入口には、随時開けることのできる<u>自動閉鎖式</u>の<u>特定防火設備</u>を設ける。また、ガラスを用いる場合は、網入りガラスとする。

○

A537 製造所の液状危険物を取り扱う建物の床は危険物が<u>浸透しない構造</u>とし、適当な傾斜をつけて貯留設備（<u>ためます</u>等）を設ける。

✕

A538 地階とは、<u>床が地盤面下にある階</u>で、床面から地盤面までの高さがその階の天井の高さの<u>3分の1以上</u>のものをいう。

○

A539 製造所には、危険物を取り扱うために必要な<u>採光</u>、<u>照明</u>および<u>換気</u>の設備（窓等）を設けなければならない。

✕

危険物に関する法令

危険物を加圧する設備等には、圧力計および温度測定装置を設ける。

 製造所等には可燃性蒸気を屋外の低所に排出する設備を設ける。

 静電気が発生するおそれのある設備には、静電気を有効に除去する装置を設ける。

 製造所等には、すべて避雷設備を設けなければならない。

 危険物を取り扱う配管は、設置される条件および使用される状況に照らして十分な強度を有するものでなくてはならない。

 配管を地上に設置する場合は、不燃材料でつくられた支持物で配管を支える。

 配管を地下に設置する場合は、上部の地盤面にかかる重量が配管にかからないよう保護しなければならない。

A540 危険物を加圧する設備等には、圧力計および安全装置を設ける。危険物を加熱したり冷却したりする設備等には、温度測定装置を設ける。

 A541 可燃性の蒸気や微粉は空気よりも重く、低所に滞留しやすいので、屋外の高所に排出する。

 A542 静電気（せいでんき）が発生するおそれのある設備には、接地等、有効に静電気を除去する装置を設ける必要がある。

A543 避雷（ひらい）設備は、指定数量の倍数が10以上の製造所、屋内貯蔵所、屋外タンク貯蔵所、一般取扱所に設けるものとされている。

 A544 配管は、最大常用圧力の1.5倍以上の圧力で水圧試験を行っても、漏えいその他の異常がないものでなければならない。

 A545 地上に設置される配管の支持物は、鉄筋コンクリート造など、耐火性を有するものでなければならない。

 A546 配管の上部の地盤面に車両等が通る場所であっても、その重量が配管にかからないように保護する。

屋内貯蔵所は、保安距離と保有空地をどちらも必要とする。

屋内貯蔵所の保有空地の幅は、指定数量の倍数の大小だけに応じて決められている。

屋内貯蔵所の貯蔵倉庫は、他の建築物の内部に設けなければならない。

屋内貯蔵所の貯蔵倉庫は、軒高6m未満の平屋建を原則とし、床は地盤面よりも上に設ける。

屋内貯蔵所の貯蔵倉庫の床面積の大きさには、特に制限がない。

屋内貯蔵所の貯蔵倉庫の屋根は不燃材料でつくり、金属板等の軽量な不燃材料でふく。

屋内貯蔵所の貯蔵倉庫は、壁、柱および床を耐火構造とし、延焼のおそれのある外壁は出入口以外の開口部を有しない壁にする。

屋内貯蔵所では、指定数量の倍数や、壁・柱・床が耐火構造かどうかで保有空地の幅が変わります。軒高や床面積にも制限が。構造や設備の基準を覚えましょう。

3行ポイント

A547 □□ 屋内貯蔵所における<u>保有空地</u>は、危険物を貯蔵または取り扱う建築物（<u>貯蔵倉庫</u>）の周囲に保有する。 ○

A548 □□ 屋内貯蔵所の保有空地の幅は、<u>指定数量の倍数</u>の大小に加え、貯蔵倉庫の壁、柱、床が<u>耐火構造</u>であるかどうかによって異なる。 ✕

A549 □□ 屋内貯蔵所の貯蔵倉庫は、<u>独立した専用の</u>建築物とする。 ✕

危険物に関する法令

A550 □□ 屋内貯蔵所のなかでも<u>第2類危険物</u>または<u>第4類</u>危険物のみの貯蔵倉庫で、一定の基準に適合するものは、<u>軒高</u>（のきだか）を20m未満とすることができる。 ○

A551 □□ 屋内貯蔵所の貯蔵倉庫の床面積は、<u>1,000m²以下</u>としなければならない。 ✕

A552 □□ 屋内貯蔵所の貯蔵倉庫は、屋根を不燃材料でつくり、不燃材料でふく。また、<u>天井</u>は設けず、吹き抜け屋根とする。 ○

A553 □□ 屋内貯蔵所の貯蔵倉庫で、<u>延焼</u>（えんしょう）のおそれのない外壁・柱・床を<u>不燃材料</u>でつくることができるのは、指定数量の倍数が<u>10以下</u>の貯蔵倉庫、<u>引火性固体</u>を除く第2類危険物・引火点<u>70℃未満</u>のものを除いた第4類危険物のみの貯蔵倉庫である。 ○

Q554 液状危険物を取り扱う屋内貯蔵所の貯蔵倉庫の床は危険物が浸透しない構造とし、貯留設備を設ける必要はない。

 Q555 屋内貯蔵所の貯蔵倉庫の窓および出入口には、ガラスを用いてはならない。

 Q556 屋内貯蔵所の貯蔵倉庫には、採光や照明の設備を設ける必要がない。

 Q557 内部に滞留した可燃性蒸気を屋根上に排出する設備を設けなければならない屋内貯蔵所もある。

 Q558 屋内貯蔵所のガソリンの貯蔵倉庫には、可燃性蒸気を屋根上に排出する設備を設けなければならない。

 Q559 避雷設備を設ける必要がある危険物の貯蔵倉庫は、指定数量の倍数が100以上の場合である。

 Q560 屋内貯蔵所の貯蔵倉庫に架台を設ける場合は、架台の材質は問われない。

A554 液状危険物を取り扱う屋内貯蔵所の貯蔵倉庫の床は、製造所と同様に危険物が<u>浸透</u>しない構造であり、かつ適当な<u>傾斜</u>をつけ、<u>貯留設備</u>を設けなければならない。 ✕

 A555 屋内貯蔵所の貯蔵倉庫の窓または出入口にガラスを用いることはできる。ただし、その場合は、<u>網入りガラス</u>とする。 ✕

 A556 屋内貯蔵所の貯蔵倉庫には製造所と同様に、危険物を貯蔵または取り扱うために必要な<u>採光</u>、<u>照明</u>および<u>換気</u>の設備を設けなければならない。 ✕

 A557 引火点70℃未満の危険物の貯蔵倉庫には、<u>可燃性蒸気</u>を屋根上に排出する設備が必要である。第4類危険物で引火点が70℃未満なのは、<u>特殊引火物</u>、<u>第1石油類</u>、<u>アルコール類</u>、<u>第2石油類</u>である。 ○

 A558 ガソリンは引火点が－40℃以下で<u>70℃未満</u>なので、屋内貯蔵所のガソリンの貯蔵倉庫には、排出設備が必要である。 ○

 A559 指定数量の倍数が<u>10以上</u>の貯蔵倉庫には<u>避雷</u>設備を設ける必要がある。 ✕

 A560 屋内貯蔵所の貯蔵倉庫の架台は、<u>不燃材料</u>でつくらなければならない。 ✕

Q561 屋外貯蔵所は、保安距離と保有空地をどちらも必要とする。

 Q562 屋外貯蔵所の保有空地の幅は、貯蔵する危険物の種類によって異なる。

 Q563 屋外貯蔵所は、湿潤でなく、排水のよい場所に設置しなければならない。

 Q564 危険物を貯蔵または取り扱う場所の周囲には、防油堤を設けなければならない。

 Q565 屋外貯蔵所に架台を設ける場合は、架台を耐火構造とし、堅固な地盤面に固定する必要がある。

 Q566 屋外貯蔵所の架台は、架台および付属設備の自重や貯蔵する危険物の重量等によって生じる力に対して安全なものでなければならない。

 Q567 屋外貯蔵所の架台の高さは3m未満とし、危険物を収納した容器が容易に落下しない措置を講じる。

屋外貯蔵所では、貯蔵できる危険物が限定されています。その区分と性状をしっかり押さえましょう。ゴロ合わせを使えば簡単に覚えられます。

A561 屋外貯蔵所の<u>保有空地</u>は、危険物を貯蔵または取り扱う場所を区画するために設けた<u>柵</u>などの周囲に確保しなければならない。

A562 屋外貯蔵所の保有空地の幅は、危険物の種類とは関係なく、<u>指定数量</u>の倍数に応じて定められている。

A563 屋外貯蔵所は、危険物を収納した容器が<u>腐食</u>するのを防ぐために、<u>排水のよい</u>場所に設置される。

A564 屋外貯蔵所は、屋外タンク貯蔵所のように<u>防油堤</u>の設置の必要はなく、<u>柵</u>等を設けて明確に区画することとされている。

A565 屋外貯蔵所に架台を設ける場合、<u>不燃材料</u>でつくり、堅固な地盤面に固定する。

A566 屋外貯蔵所の架台は、<u>風や地震の影響</u>等の荷重によって生じる力に対しても安全である必要がある。

A567 屋外貯蔵所の架台の高さは、<u>6m未満</u>である。

危険物に関する法令

Q 568 屋外貯蔵所のうち指定数量の倍数が10以上のものには、避雷設備を設ける必要がある。

Q 569 屋外貯蔵所は、危険物を屋外で保管するため、貯蔵できる危険物の種類に限定がない。

Q 570 屋外貯蔵所では、第2類危険物である硫黄は貯蔵することができる。

Q 571 屋外貯蔵所では、貯蔵または取り扱う危険物にかかわらず、位置・構造・設備の基準はすべて共通である。

Q 572 屋外貯蔵所で貯蔵または取り扱うことができる第4類危険物は、第1石油類、第2石油類、第3石油類、第4石油類だけである。

Q 573 二硫化炭素とジエチルエーテルは第4類危険物なので、屋外貯蔵所で貯蔵することができる。

Q 574 屋外貯蔵所では、灯油、軽油およびメタノールは貯蔵できるが、自動車ガソリンとアセトンは貯蔵できない。

A568 屋外貯蔵所には、避雷設備の設置義務はない。

 A569 屋外では、水と反応するもの、自然発火するも の等の保管が困難なので、屋外貯蔵所で貯蔵で きる危険物の種類は限定される。 54・55・56

 A570 屋外貯蔵所では、第2類危険物のうち、硫黄ま たは硫黄のみを含有するもの、引火性固体で引 火点が0℃以上のものは貯蔵できる。 54

 A571 屋外貯蔵所では、硫黄類のみを貯蔵または取り 扱う場合、保有空地の幅を減ずることができる 緩和措置がある。

 A572 屋外貯蔵所で貯蔵または取り扱うことができる 第4類危険物は、第1石油類（引火点が0℃以 上のもののみ）、第2石油類、第3石油類、第 4石油類、アルコール類、動植物油類の6種類 である。 55

 A573 屋外貯蔵所では、第4類危険物のうち、特殊引 火物および引火点が0℃未満の第1石油類を貯 蔵することはできない。二硫化炭素とジエチル エーテルは特殊引火物。 55

 A574 自動車ガソリンとアセトンは引火点が0℃未満 の第1石油類なので、屋外貯蔵所では貯蔵でき ない。

重要ポイント まとめて CHECK!!

Point 50　保安距離と保有空地　 53

❖保安距離

保安距離とは、延焼の防止や住民の避難等のため、保安対象物と製造所等の間に確保する一定の距離のことです。

保安対象物	保安距離
同一敷地外の一般の住居 ＊製造所等と同じ敷地内にある住居は含まない	10m以上
学校、病院、劇場その他多数の人を収容する施設 ＊大学、短期大学等は含まない	30m以上
重要文化財等に指定された建造物	50m以上
高圧ガス、液化石油ガスの施設	20m以上
特別高圧架空電線 　使用電圧7,000V超～ 35,000V以下	水平距離で 3m以上
使用電圧35,000V超	5m以上

❖保有空地

保有空地とは、火災時の消防活動および延焼防止のために製造所等の周囲に確保する空地のことです。保有空地の幅は、製造所等ごとに定められています。

保安距離が必要な施設	保有空地が必要な施設
●製造所 ●屋内貯蔵所 ●屋外貯蔵所 ●屋外タンク貯蔵所 ●一般取扱所	保安距離が必要な施設 ＋　屋外に設ける 　　簡易タンク貯蔵所 ＋　地上に設ける 　　移送取扱所

Point 51 製造所・屋内貯蔵所・屋外貯蔵所 56

❖製造所

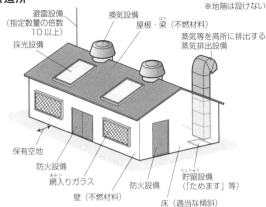

※地階は設けない

避雷設備
（指定数量の倍数
10以上）

採光設備

換気設備

屋根・梁（不燃材料）

蒸気等を高所に排出する
蒸気排出設備

保有空地

防火設備

網入りガラス

壁（不燃材料）

防火設備

貯留設備
（「ためます」等）

床（適当な傾斜）

❖屋内貯蔵所（貯蔵倉庫）

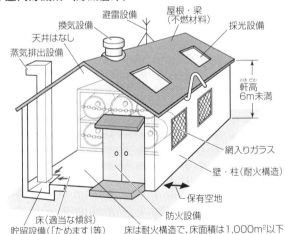

避雷設備

換気設備

天井はなし

蒸気排出設備

屋根・梁
（不燃材料）

採光設備

軒高
6m未満

網入りガラス

壁・柱（耐火構造）

保有空地

防火設備

床（適当な傾斜）

貯留設備（「ためます」等）

床は耐火構造で、床面積は1,000m²以下

❖屋外貯蔵所で貯蔵または取扱いできない第4類危険物

● 特殊引火物

● 引火点0℃未満の第1石油類（ガソリンなど）

危険物に関する法令

213

Q575 屋外タンク貯蔵所は、引火点を有する液体危険物を貯蔵または取り扱う場合に限り、敷地内距離の確保が義務付けられている。

 Q576 敷地内距離とは、学校や病院などの保安対象物から屋外貯蔵タンクの側板までの間に確保する距離をいう。

 Q577 敷地内距離の確保が必要とされるのは、製造所等のうち、屋外タンク貯蔵所だけである。

 Q578 敷地内距離を確保した屋外タンク貯蔵所では、保安距離および保有空地を必要としない。

 Q579 屋外タンク貯蔵所の保有空地は、防油堤の周囲に確保する必要がある。

 Q580 屋外貯蔵タンクは、原則として厚さ1.6mm以上の鋼板でつくり、外面には錆止めの塗装をしなければならない。

 Q581 屋外貯蔵タンクのうち、圧力タンクには安全装置を設け、それ以外のタンクには通気管を設けなければならない。

屋外タンク貯蔵所については、構造や設備のほか、防油堤の基準について覚えましょう。特に、防油堤の容量や高さ、水抜口など、確実に押さえて。

3行
ポイント

A575
屋外貯蔵タンクにおける<u>敷地内距離</u>の確保は、火災時における隣接敷地への<u>延焼防止</u>を目的としている。

○

A576
敷地内距離は、<u>タンクの側板</u>から<u>敷地境界線</u>までの間に確保する距離をいう。

×

A577
敷地内距離の確保が義務付けられているのは、引火点を有する液体危険物を貯蔵または取り扱う<u>屋外タンク貯蔵所</u>のみである。

A578
屋外タンク貯蔵所では、敷地内距離の確保とは関係なく、<u>保安距離</u>と<u>保有空地</u>ともに確保しなければならない。

×

A579
屋外タンク貯蔵所の<u>保有空地</u>は、屋外貯蔵タンクの<u>側板</u>周囲に確保する。保安距離、保有空地、敷地内距離は、すべてタンクの<u>側板</u>から測る。

×

A580
屋外貯蔵タンクは、原則として厚さ<u>3.2</u>mm以上の<u>鋼板</u>でつくる。

×

A581
屋外貯蔵タンクの<u>圧力タンク</u>以外のタンクには無弁または大気弁付の<u>通気管</u>を設ける。

○

危険物に関する法令

液体危険物の屋外貯蔵タンクには、発生する蒸気の濃度を自動的に計測する装置を設ける必要がある。

 液体危険物の屋外貯蔵タンクには、接地電極を設けなければならないものもある。

 二硫化炭素を除く液体危険物の屋外貯蔵タンクの周囲には、防油堤を設けなければならない。

 引火点を有する液体危険物の屋外貯蔵タンクの場合、防油堤の容量はタンク容量の110%以上とする。

 軽油500kL、灯油200kL、ガソリン100kLをそれぞれ貯蔵するタンクが同一の防油堤内にある場合、この防油堤の容量は880kL以上とする。

 防油堤の高さは1m以上とし、おおむね30mごとに堤内に出入りするための階段を設ける。

 防油堤には内部に溜まった水等を排出する水抜口と、これを開閉する弁を設けなければならず、水抜口の弁は普段は閉めておく。

A582 液体危険物の屋外貯蔵タンクには、危険物の量を自動的に表示する装置を設ける。

A583 ガソリンやベンゼンなど静電気による災害のおそれがある液体危険物の屋外貯蔵タンクには、タンク注入口付近に静電気を有効に除去する接地電極を設ける必要がある。

A584 防油堤は、タンクから漏れた危険物の流出を防止するためのものである。ただし、液体以外の危険物の場合は必要ない。

A585 貯蔵タンクから漏れた危険物を泡消火剤で覆う等の措置をとるため、その分の余裕を見て防油堤の容量はタンク容量の110%以上（引火性の物品の場合）としている。

A586 数種類の危険物を貯蔵する場合、防油堤の容量は、容量が最大である引火性の物品のタンクの110%以上とする。したがって設問の場合は、軽油500kL×1.1＝550kL以上である。

A587 防油堤の高さは0.5m以上とされている。階段は1mを超える防油堤にのみ必要。

A588 防油堤の水抜口の弁を普段から開けていると、タンクから漏れた危険物の流出を防ぐことができないため、普段は閉めておく。

屋内タンク貯蔵所は、保安距離および保有空地を必要とする。

 屋内貯蔵タンクの容量は、原則として指定数量の20倍以下に制限されている。

 同一のタンク専用室に2基以上の屋内貯蔵タンクを設ける場合は、それらの容量の総計が容量制限の範囲内でなければならない。

 屋内貯蔵タンクは、原則として平屋建のタンク専用室に設置する。

 屋内貯蔵タンクを設置する平屋建のタンク専用室の壁、柱、床は耐火構造とし、不燃材料でつくった天井を設ける。

 屋内貯蔵タンクとタンク専用室の壁との間には、0.5m以上の間隔を保つ必要がある。

 液状危険物の屋内貯蔵タンクを設置するタンク専用室の床は、貯留設備を設けることになっているため、敷居に高さは必要ない。

屋内タンク貯蔵所、地下タンク貯蔵所ともに保有空地および保安距離が不要な施設です。それぞれの構造や、地下タンク貯蔵所の設備を覚えましょう。

3行ポイント

 A589 屋内タンク貯蔵所は、保安距離、保有空地ともに必要としない。🍓 **53**

 A590 屋内貯蔵タンクの容量は、原則として指定数量の40倍以下。ただし、第4石油類および動植物油類以外の第4類危険物を貯蔵する場合は20,000 L以下に制限される。

 A591 屋内タンク貯蔵所のそれぞれのタンクの容量が指定数量の40倍以下でも、総計で40倍を超えていれば制限を超過していることになる。

 A592 特例として、引火点が40℃以上の第4類危険物のみを貯蔵または取り扱う場合は、平屋建以外の建築物に屋内貯蔵タンクを設けることもできる。

 A593 屋内貯蔵タンクを設置する平屋建のタンク専用室の壁、柱、床は耐火構造とし、梁と屋根を不燃材料でつくり、天井は設けない。

 A594 同一のタンク専用室に2基以上の屋内貯蔵タンクを設置する場合のタンク相互間にも、0.5m以上の間隔を保たなければならない。

 A595 液状危険物の屋内貯蔵タンクを設置するタンク専用室の床には貯留設備を設置し、さらに出入口の敷居の高さも0.2m以上と定められている。

危険物に関する法令

Q 596 地下貯蔵タンクは、原則として地盤面下に直接埋設しなければならない。

 Q 597 地下貯蔵タンクとタンク室の内側との間には、0.5m以上の間隔を保ち、タンクの周囲に乾燥砂を詰める必要がある。

 Q 598 地下貯蔵タンクの頂部は、地盤面上に出るように設置しなければならない。

 Q 599 液体危険物の地下貯蔵タンクの注入口は、地盤面下に設ける必要がある。

 Q 600 地下貯蔵タンクには、通気管を設けなければならない。通気管は、常時開放しておく。

 Q 601 地下貯蔵タンクの無弁通気管は直径30mm以上とし、その先端を上向きに45度以上曲げる必要がある。

 Q 602 地下貯蔵タンクには、液体危険物の漏れを検知する設備を設けなければならない。

A596 地下貯蔵タンクには、地盤面下に設けられたタンク室に設置するものや、地盤面下に直接埋設できる二重殻タンクなどもある。

 A597 地下貯蔵タンクとタンク室の内側との間には、0.1m以上の間隔を保ち、タンクの周囲に乾燥砂を詰めなければならない。

 A598 地下貯蔵タンクは、その頂部が0.6m以上地盤面から下になるように設置する。

 A599 液体危険物の地下貯蔵タンクの注入口は屋外に設けなければならない。

 A600 通気管（無弁通気管または大気弁付通気管）は、地下貯蔵タンクの頂部に取り付ける。通気管は、常時開放しておく。

 A601 地下貯蔵タンクの無弁通気管は、下向きに45度以上曲げることで雨水の浸入を防ぐ。また、先端は地上4m以上の高さとする。

 A602 地下貯蔵タンクには、漏えい検査管などの液体危険物の漏れを検知する設備を設けるものとされている。

Q603 移動タンク貯蔵所とは、車両に固定された移動貯蔵タンクで危険物を貯蔵または取り扱う貯蔵所であり、駐車する常置場所は、屋外または屋内のどちらでもかまわない。

Q604 移動タンク貯蔵所を屋内に常置する場合、その建築物の壁、床、梁および屋根は耐火構造でなければならない。

Q605 移動貯蔵タンクの容量は10,000L以下とし、タンク内には4,000L以下ごとに完全な間仕切を設ける必要がある。

Q606 移動タンク貯蔵所の容量2,000L以上のタンク室には、防波板を設けなければならない。

Q607 マンホール、安全装置等が移動貯蔵タンクの上部に突出している場合は、それらの損傷を防止するための装置を設ける。

Q608 移動貯蔵タンクの配管には、その先端部に底弁を設ける。

Q609 移動貯蔵タンクの非常の場合に直ちに底弁を閉鎖するための装置は、必ず自動閉鎖装置でなければならない。

移動タンク貯蔵所は「貯蔵・取扱いの基準」（第3編
第3章）と一緒に出題されやすい項目です。簡易タン
ク貯蔵所は給油取扱所とよく一緒に出題されます。

3行ポイント

A603 移動タンク貯蔵所は、屋外の防火上安全な場所
か防火上安全な屋内の<u>建築物の1階</u>に常置する
ものとされている。

 ◯

A604 移動タンク貯蔵所を屋内に常置する場合、その
建築物の壁、床、梁および屋根は<u>耐火構造</u>、ま
たは<u>不燃材料</u>でつくればよい。

 ✕

A605 移動貯蔵タンクの容量は<u>30,000L以下</u>とされ
ている。移動貯蔵タンク内の間仕切によって仕
切られたそれぞれの部分を<u>タンク室</u>という。

 ✕

A606 移動タンク貯蔵所の容量2,000L以上のタンク
室には、防波板を移動方向と<u>平行</u>に<u>2カ所</u>設け
なければならない。

 ◯

A607 移動貯蔵タンクのマンホール、安全装置の周囲
には<u>防護枠</u>を設け、移動貯蔵タンクの両側面の
上部には<u>側面枠</u>を設ける。

 ◯

A608 移動貯蔵タンクの配管の先端部には<u>弁</u>等を設け
る。移動貯蔵タンクの下部に設ける排出口の弁
は<u>底弁</u>と呼ばれる。

 ✕

A609 非常の場合に直ちに底弁を閉鎖するため、移動
貯蔵タンクには手動閉鎖装置および<u>自動閉鎖装
置</u>を設けるのが原則である。

 ✕

移動貯蔵タンクの底弁を閉鎖する手動閉鎖装置にはレバーを設けなければならず、そのレバーの長さは15cm以上とされている。

 移動貯蔵タンクには、取り扱う危険物によって静電気による災害防止の措置がとられる。

 簡易貯蔵タンクの周囲には、常に1m以上の保有空地を必要とする。

 1つの簡易タンク貯蔵所に設置できる簡易貯蔵タンクの数は3基以内である。

 1つの簡易タンク貯蔵所では、同一品質の危険物を貯蔵する簡易貯蔵タンクを3基設置することができる。

 第4類危険物の簡易貯蔵タンクのうち圧力タンク以外のタンクには、無弁通気管を設ける必要がある。

 簡易貯蔵タンクを専用室内に設置する場合は、タンクと専用室の壁との間に1m以上の間隔を保たなければならない。

A610 移動貯蔵タンクの底弁を閉鎖する手動閉鎖装置は、長さ15cm以上のレバーを手前に引き倒すことによって作動させるものでなければならない。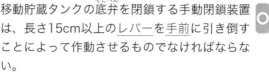

A611 ガソリンやベンゼン等、静電気による災害のおそれのある液体危険物の移動貯蔵タンクには、接地導線を設けなければならない。

A612 簡易貯蔵タンクを屋外に設置する場合のみ、貯蔵タンクの周囲に1m以上の保有空地が必要となる。

A613 簡易タンク貯蔵所に設置できる簡易貯蔵タンク3基は、1基につき600L以下の容量に制限されている。

A614 1つの簡易タンク貯蔵所では、同一品質の危険物を貯蔵するタンクは1基しか設置できない。

A615 第4類危険物の簡易貯蔵タンクのうち圧力タンク以外のタンクには、無弁通気管が必要で、さらに通気管の先端は、屋外にあって地上1.5m以上の高さでなければならない。

A616 簡易貯蔵タンクを専用室内に設置する場合は、タンクと専用室の壁との間に0.5m以上の間隔を保たなければならない。

危険物に関する法令

Q617 給油取扱所は、保安距離および保有空地を必要とする。

 Q618 固定給油設備のホース機器の周囲に保有する空地を給油空地という。

 Q619 給油取扱所の専用タンクの容量は10,000L以下とされているが、廃油タンクの容量には制限がない。

 Q620 給油取扱所には、給油等のために給油取扱所に出入りする者を対象とした店舗や飲食店を設置することができるが、遊技場は設置できない。

 Q621 給油取扱所の周囲には、耐火構造または不燃材料でつくられた高さ1.5m以上の塀または壁を設けなければならない。

 Q622 屋内給油取扱所を設置する建築物の、屋内給油取扱所に使用する部分の壁、柱、床、梁および屋根は、原則として耐火構造としなければならない。

 Q623 屋内給油取扱所の専用タンクには、危険物の過剰な注入を手動で防止するための設備が必要である。

給油取扱所ではセルフ型スタンドや構造・設備等の基準がよく出題されます。セルフ型スタンドの特例基準や（簡易タンク貯蔵所を含めた）設備を覚えましょう。

3行ポイント

A617 給油取扱所は保安距離と保有空地のどちらも必要としないが、給油空地と注油空地を保有する必要がある。 👓 53

A618 給油空地とは、自動車等に給油したり、自動車等の出入りに必要な間口10m以上、奥行6m以上の空地のことをいう。

A619 給油取扱所の専用タンクには容量の制限がない。容量が10,000L以下に制限されているのは廃油タンクである。

A620 給油取扱所には、給油またはこれに附帯する業務に必要な建築物以外は設置できない。

A621 給油取扱所の周囲につくる塀または壁の高さは2m以上でなければならない。

A622 屋内給油取扱所の上部に上階がない場合は、屋根を不燃材料でつくることができる。

A623 屋内給油取扱所の専用タンクには、危険物の過剰な注入を自動的に防止する設備が必要である。

危険物に関する法令

Q 624 セルフ型スタンドとは、顧客に自ら給油等をさせる給油取扱所のことをいう。

 Q 625 顧客用固定給油設備以外の固定給油設備を使用して、顧客自らによる給油を行わせることができる。

 Q 626 セルフ型スタンドで危険物を取り扱うために顧客が使用する設備に彩色を施す場合は、レギュラーガソリンを赤、軽油を青、灯油を緑に色分けする。

 Q 627 顧客用の固定給油設備は、満量になったとき、ホースの先端部に備えた給油ノズルが自動的に停止する構造でなければならない。

 Q 628 販売取扱所のうち、第2種の販売取扱所だけは建築物の1階に設置しなければならない。

 Q 629 第1種、第2種を問わず、販売取扱所の危険物の配合室は、床面積6m²以上10m²以下とされている。

 Q 630 第1種、第2種どちらの販売取扱所も、延焼のおそれのない部分にしか窓を設けることができない。

A624 セルフ型スタンドでは顧客自身が給油等の作業を行うため、事業所内の制御卓（コントロールブース）またはタブレット端末（可搬式制御装置）によって、顧客の給油作業を制御する。 ○

 A625 顧客自らによる給油を行わせる場合は、顧客用固定給油設備以外の固定給油設備は使用できない。 ×

 A626 セルフ型スタンドで危険物を取り扱うために顧客が使用する設備に彩色を施す場合は、レギュラーガソリンが赤色、軽油が緑色、灯油が青色である。なお、ハイオクガソリンは黄色とされている。 ×

 A627 設問文のほか、顧客用の固定給油設備は、1回の連続した給油量と給油時間の上限をあらかじめ設定できる構造でなければならない。 ○

 A628 第1種、第2種販売取扱所ともに、建築物の1階に設置しなければならない。 ×

 A629 危険物の配合室についての基準は、第1種、第2種販売取扱所で共通である。 ○

 A630 延焼のおそれのない部分にしか窓を設けることができないのは、第2種販売取扱所だけの基準。 ×

第5種消火設備を有効に消火できる位置に設置すればよいとされている製造所等は、地下タンク貯蔵所、簡易タンク貯蔵所、移動タンク貯蔵所、給油取扱所、販売取扱所である。

 製造所等に設ける消火設備の所要単位を計算する場合、危険物については指定数量の100倍を1所要単位として計算する。

 貯蔵所の建物は、外壁が耐火構造である場合、延べ面積75m²を1所要単位として計算する。

 地下タンク貯蔵所には、第5種消火設備を2個以上設けることとされている。

 電気設備に対する消火設備は、その電気設備のある場所の面積10m²ごとに1個以上設けることとされている。

 移動タンク貯蔵所を除き、指定数量の10倍以上の危険物を貯蔵または取り扱う製造所等には、警報設備を設けなければならない。

第1種から第5種までの消火設備を再確認。規模や指定数量の倍数等にかかわらず、設置すべき最小限の消火設備が決まっている製造所等も覚えましょう。

A631 設問の記述以外の製造所等では、原則として1つの第5種消火設備から防護対象物までの歩行距離が20m以下となるように設置する。 🌸 **57**

A632 消火設備の所要単位を計算する場合、危険物については指定数量の100倍ではなく、10倍を1所要単位として計算する。

A633 貯蔵所の建物は、外壁が耐火構造である場合、延べ面積150m²を1所要単位とする。なお、外壁が耐火構造でない場合は $\frac{1}{2}$ の75m²とする。

A634 地下タンク貯蔵所と移動タンク貯蔵所については、延べ面積や指定数量の倍数等とは関係なく消火設備が定められている。移動タンク貯蔵所は、自動車用消火器のうち3.5kg以上の粉末消火器またはその他の消火器を原則2個以上とされている。

A635 電気設備に対する消火設備は、その電気設備のある場所の面積100m²ごとに1個以上設ける。

A636 警報設備とは、火災等の事故が発生したときに危険を知らせる設備をいい、自動火災報知設備等がこれに当たる。

Point 52 屋外タンク貯蔵所

　屋外タンク貯蔵所は、屋外貯蔵タンクにおいて危険物を貯蔵または取り扱う貯蔵所です。

❖**屋外タンク貯蔵所の位置・構造・設備の基準**

- 引火点を有する液体危険物を貯蔵または取り扱う屋外タンク貯蔵所に限り、敷地内距離が必要。
- 液体危険物（二硫化炭素を除く）の屋外貯蔵タンクの周囲には、防油堤（ぼうゆてい）を設ける。
- 引火点を有する液体危険物の貯蔵タンクの場合、防油堤の容量はタンク容量の110％以上とする。
- タンクが2基以上ある場合は、容量が最大のタンクの110％以上とする。

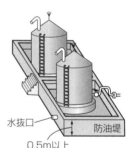

水抜口　　　防油堤
0.5m以上

Point 53 タンク貯蔵所に共通する構造

タンクの鋼板	● 原則として厚さ3.2mm以上 ● 外面に錆止（さび）めの塗装
液体危険物を貯蔵する場合	危険物の量を自動的に表示する装置を設置
無弁通気管の構造	● 先端を水平より下に45度以上曲げて雨水の浸入を防ぐ ● 細目の銅網などによる引火防止装置を設置

Point 54 給油取扱所

　給油取扱所とは、自動車等の燃料タンクに直接給油するために危険物を取り扱う取扱所です。ガソリンスタンドがこれに当たります。

❖給油取扱所の位置・構造・設備の基準

- 間口10m以上、奥行6m以上の給油空地が必要。
- 専用タンクには容量制限がないが、**廃油タンク**は容量10,000L以下とする。
- 給油等のため給油取扱所に出入りする者を対象とした**店舗、飲食店**などは設置できるが、遊技場は設置できない。
- 屋内給油取扱所の専用タンクには、危険物の過剰な注入を自動的に防止する設備が必要。
- 顧客に自ら給油させるセルフ型スタンドでは、燃料タンクが満量になると自動的に停止する給油ノズルを用いる。

Point 55 販売取扱所

　販売取扱所とは、店舗において容器入りのままで販売するために危険物を取り扱う取扱所をいいます。

- 第1種販売取扱所…指定数量の倍数が15以下。
- 第2種販売取扱所…指定数量の倍数が15を超え40以下。
- 第1種、第2種とも、建築物の1階に設置する。

第3章　貯蔵・取扱いの基準

Lesson.1 標識・掲示板　⇨速P.234

製造所等には、防火に関し必要な事項を掲示した標識を見やすい箇所に設ける必要がある。

移動タンク貯蔵所を除く製造所等の標識の色については、特に規定がない。

移動タンク貯蔵所を除く製造所等の標識は、幅0.3m以上、長さ0.6m以上の板でなければならない。

製造所等のうち移動タンク貯蔵所だけは、標識を掲げる必要がない。

移動タンク貯蔵所の標識は、1辺0.3m以上0.4m以下の正方形の板とし、黒色の地に黄色の反射塗料等で「危」と表示しなければならない。

指定数量以上の危険物を移動タンク貯蔵所以外の車両で運搬する場合も、車両の前後の見やすい箇所に「危」と表示した標識を掲げる。

危険物製造所等であることを示す標識や防火に必要な
事項を掲示する掲示板は、大きさや文字の色、地の色
等が決まっています。しっかり暗記！

 防火に関し必要な事項を掲示するのは掲示板。
標識には、危険物の製造所等である旨(むね)を示す。

 移動タンク貯蔵所を除く標識の色は、地は白色、
文字は黒色とすることが規則で定められてい
る。

 掲示板および長方形の標識は横長にしてもかま
わない。この場合、文字は横書きとする。

 移動タンク貯蔵所の場合、移動タンク貯蔵所で
ある旨を表示する標識は必要ないが、「危」と
表示した標識を車両の前後の見やすい箇所に掲
げる必要がある。

 移動タンク貯蔵所の標識の「危」の文字は、夜
間走行も考慮して、黄色の反射塗料その他反射
性を有する材料で表示することとされている。

 移動タンク貯蔵所以外の車両の標識は1辺が
0.3mの正方形に限られるが、色については移
動タンク貯蔵所の「危」の標識と同一である。

危険物に関する法令

製造所等には、危険物の類、品名および貯蔵または取扱いの最大数量、指定数量の倍数、危険物保安監督者の氏名または職名を表示した掲示板を設けなければならない。

 注意事項を表示する掲示板は、すべて赤色の地に白色の文字と定められている。

 第4類危険物を貯蔵する屋外タンク貯蔵所には、「火気厳禁」と表示した掲示板を設けなければならない。

 引火性固体を除く第2類危険物を貯蔵する屋内貯蔵所には、「火気注意」と表示した掲示板を設けなければならない。

 「禁水」と表示した掲示板は、第3類危険物を貯蔵または取り扱う場合にのみ設けられる。

 「給油中エンジン停止」と表示した掲示板は、地が赤色で、文字は白色とされている。

 「給油中エンジン停止」の掲示板を設けなければならないのは、給油取扱所だけである。

A643 掲示板は、製造所等に設けるものとされている。ただし、危険物保安監督者を表示するのは選任を必要とする製造所等だけである。 ◯

 A644 「火気厳禁」と「火気注意」は赤色の地に白色の文字だが、「禁水」は青色の地に白色の文字とされている。 ✕

 A645 第4類危険物に応じた注意事項は「火気厳禁」である。 ◯

 A646 第2類危険物のうち、引火性固体だけは注意事項が「火気厳禁」であり、それ以外は「火気注意」とされている。 ◯

 A647 第3類危険物の禁水性物品等のほかに、第1類危険物のアルカリ金属の過酸化物またはこれを含有するものについても、「禁水」の表示がなされる。 ✕

 A648 「給油中エンジン停止」の掲示板は、地は黄赤色、文字は黒色とされている。 ✕

 A649 給油取扱所において自動車等に給油する際は、エンジンを必ず停止しなければならないとされている。 ◯

Lesson.2 貯蔵および取扱いの基準 　　⇨速P.238

Q650 製造所等では、許可または届出のなされた品名以外の危険物の貯蔵や取扱いはできない。

Q651 貯留設備または油分離装置に溜まった危険物は、あふれないように随時汲み上げる。

Q652 危険物のくず、かす等は、10日に1回、その危険物の性質に応じて安全な場所および方法で処理する。

Q653 危険物が残存しているおそれのある設備などを修理する場合は、安全な場所で危険物を完全に除去した後に行わなければならない。

Q654 危険物を保護液中に保存する場合は、危険物の一部を保護液から必ず露出させておく。

Q655 類を異にする危険物は、原則として同一の貯蔵所で同時に貯蔵することができない。

Q656 屋内貯蔵所では、容器に収納して貯蔵する危険物の温度が60℃を超えないように必要な措置を講じなければならない。

238

すべての製造所等に共通する技術上の基準はよく出題されます。屋内貯蔵所、屋外貯蔵所、移動タンク貯蔵所での貯蔵および取扱いについては確実に覚えて。

3行ポイント

 A650 製造所等では、許可または届出のなされた数量を超える危険物の貯蔵や取扱いもできない。

 A651 貯留設備または油分離装置に溜まった危険物があふれて下水道に流れ込むと火災予防上危険なので、必要に応じて汲み上げなければならない。

 A652 危険物のくず、かす等の廃棄は、10日に1回ではなく、1日に1回以上とされている。

 A653 設備、機械器具、容器などを修理する際、危険物が残っていると危険であるため、完全に除去した後に行う。

 A654 保護液中に保存する危険物は、長時間空気に触れると発火する危険があるため、保護液から露出しないように貯蔵しなければならない。

 A655 原則的に類を異にする危険物の同時貯蔵は禁止されている。

 A656 屋内貯蔵所での容器貯蔵の危険物の温度の上限は、60℃ではなく、55℃である。

危険物に関する法令

239

屋外貯蔵タンク、屋内貯蔵タンク、地下貯蔵タンクまたは簡易貯蔵タンクの計量口は、危険物を計量するとき以外は閉鎖しておく。

移動タンク貯蔵所には、完成検査済証等を備え付ける必要はないが、緊急時の連絡先を記載した書類は備え付けなければならない。

危険物の廃棄を焼却の方法で行うときは、周囲に建築物が隣接している場合に限り、見張人をつけなければならない。

給油取扱所では、手動ポンプなどを使って容器から給油するようなことは認められない。

1 m以上の間隔を置いて類ごとに取りまとめて貯蔵する場合は、類を異にする危険物の同時貯蔵が認められる場合がある。

給油取扱所の専用タンクに注油中、そのタンクに接続している固定給油設備から自動車に給油する場合は、給油ノズルの吐出量を抑える。

移動貯蔵タンクから他のタンクに引火点40℃未満の危険物を注入するときは、移動タンク貯蔵所のエンジンを停止しなければならない。

A657 タンクの計量口は通常は<u>閉鎖</u>しておく。計量口を開けておくと、そこから危険物があふれたり、可燃性蒸気が<u>漏</u>れ出したりする。

A658 移動タンク貯蔵所には、<u>完成検査済証</u>、<u>定期点検記録</u>、譲渡・引渡届出書、および<u>品名</u>、<u>数量</u>または指定数量の<u>倍数</u>の<u>変更届出書</u>を、常に備え付ける必要がある。

A659 危険物の焼却は安全な場所で、燃焼や爆発による危害などを他に及ぼすおそれのない方法で行うとともに、見張人を<u>常につける</u>必要がある。

A660 給油取扱所では、<u>固定給油設備</u>を使用して自動車等に直接給油する。

A661 <u>屋内貯蔵所</u>と<u>屋外貯蔵所</u>では、一定の危険物については、類を異にする危険物の同時貯蔵が認められる場合がある。

A662 給油取扱所の専用タンクや<u>簡易タンク</u>に注油しているときは、そのタンクに接続している固定給油・注油設備の<u>使用を中止</u>しなければならない。

A663 移動貯蔵タンクから他のタンクに引火点<u>40℃</u>未満の危険物を注入する際は、移動タンク貯蔵所の<u>エンジンを停止</u>する。給油取扱所で自動車等に給油する場合は引火点にかかわらず常に自動車等のエンジンを停止するので、これと混同しないように注意する。

Q664 屋内貯蔵所においては、危険物を収納した容器は1mの高さを超えて積み重ねてはならない。

 Q665 給油取扱所において、自動車の一部が給油空地からはみ出た状態で給油をする場合は、防火上細心の注意をすることとされている。

 Q666 給油取扱所において、自動車等を洗浄する場合は、引火点を有する液体洗剤を使用してはならない。

 Q667 移動貯蔵タンクには、貯蔵または取り扱う危険物の類、品名および最大数量を表示しなければならない。

 Q668 移動貯蔵タンクの底弁は、使用時以外は完全に閉鎖しておく。

 Q669 移動貯蔵タンクから液体危険物を容器に詰め替えることは原則として認められないが、引火点40℃以上の第4類危険物については認められる場合がある。

A664 屋内貯蔵所および屋外貯蔵所では、危険物を収納した容器は、原則として高さ3mを超えて積み重ねてはならないとされている。

 A665 給油取扱所では、給油空地から自動車の一部または全部がはみ出したまま給油してはならないとされている。

 A666 給油取扱所において、引火性液体の洗剤を使用すると、可燃性の蒸気が発生して引火する危険がある。

 A667 移動タンク貯蔵所は危険物等を表示する掲示板を掲げない代わりに、移動貯蔵タンクにこのような表示をすることが義務付けられている。

 A668 屋外貯蔵タンク、屋内貯蔵タンクおよび地下貯蔵タンクの元弁と同様、移動貯蔵タンクの底弁も、使用するとき以外は閉鎖する必要がある。

 A669 移動貯蔵タンクから液体危険物を容器に詰め替える場合、注入ホースの先端に手動開閉装置がついた注入ノズルを用い、安全な注油速度で行わなければならないとされている。

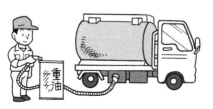

Point 56 標識・掲示板

❖標識

製造所等 （移動タンク貯蔵所以外）	移動タンク貯蔵所
危険物施設の名称を表示 ← 0.3m以上 → **危険物給油取扱所** 0.6m 以上 白色の地 黒色の文字	「危」と表示 0.3m以上 0.4m以下 **危** 0.3m以上 0.4m以下 黒色の地 黄色（反射塗料）の文字

❖掲示板（すべて幅0.3m以上、長さ0.6m以上）

①危険物等を表示する掲示板（白地、黒文字）

　類、品名、最大数量、指定数量の倍数などを表示する。

②注意事項を表示する掲示板

③「給油中エンジン停止」の掲示板（黄赤地、黒文字）

　給油取扱所だけに設ける。

禁水 （青地、白文字）	第1類 第3類	アルカリ金属の過酸化物 禁水性物品等
火気注意 （赤地、白文字）	第2類	（引火性固体以外のもの）
火気厳禁 （赤地、白文字）	第2類 第3類	引火性固体、第4類、第5類、 自然発火性物品等

❖すべての製造所等に共通する貯蔵・取扱いの基準

● 許可や届出のなされた品名以外の危険物、または許可や届出のなされた数量（指定数量の倍数）を超える危険物の貯蔵や取扱いはできない。

● 危険物のくず、かす等は、1日1回以上廃棄する。

● 貯留設備等に溜まった危険物は随時汲み上げる。

● 機械器具等の修理は危険物を除去した後で行う。

無届けの危険物の取扱いはダメ。

❖貯蔵の基準

● 危険物の貯蔵所では危険物以外の物品は原則貯蔵禁止。

● 類を異にする危険物の同時貯蔵も原則禁止。

● 貯蔵タンクの計量口、元弁は普段閉鎖しておく。

● 屋外タンク貯蔵所の防油堤の水抜口も排出時以外は閉鎖。

● 移動貯蔵タンクの底弁も使用時以外は完全に閉鎖。

● 移動タンク貯蔵所は、完成検査済証等の書類を車両に備え付ける必要がある。

❖取扱いの基準

● 危険物を焼却する場合は、常に見張人をつける。

● 給油取扱所で給油するときは自動車等のエンジンを必ず停止させる。

● 給油取扱所の専用タンクに注油している間は、そのタンクに接続している固定給油設備の使用を中止する。

● 移動貯蔵タンクから他のタンクに引火点40℃未満の危険物を注入するときは、移動タンク貯蔵所のエンジンを停止する。

危険物に関する法令

245

危険物を運搬するときは、運搬容器の収納口を
上方に向けて車両に積載しなければならない。

 温度変化等によって危険物が漏れないように、
運搬容器を密封して収納するのが原則とされて
いる。

 運搬容器の外部には、危険物の品名、危険等級、
化学名、数量のほか、収納する危険物に応じた
消火方法を表示する必要がある。

 第2類危険物の硫黄に応じた注意事項は「火気
厳禁」である。

 ジエチルエーテルは危険等級Ⅰ、メタノールと
ガソリンは危険等級Ⅱに区分されている。

 第4類危険物と第2類危険物は、指定数量の10
分の1を超えても混載することができる。

 危険物が指定数量未満であっても、運搬車両に
は「危」と表示した標識および消火設備を備え
なければならない。

246

移送に関する基準は移動タンク貯蔵所の貯蔵、取扱基準と一緒に出題されることが多いです。積載方法や同一車両で積載、運搬する場合の混載禁止の危険物は必ず覚えましょう。

3行ポイント

A670 収納口が密栓されているからといって、運搬容器を横積みにすることは禁止されている。なお、積み重ねる場合の高さ制限は、3m以下である。

○

A671 液体の危険物は98%以下の収納率とし、55℃の温度でも漏れないように空間容積を十分にとって収納することとされている。

○

A672 運搬容器の外部には、消火方法ではなく、収納する危険物に応じた注意事項を表示する。また、第4類危険物の水溶性のものには「水溶性」と表示する。

✕

A673 第2類危険物のうち注意事項が「火気厳禁」なのは引火性固体だけである。硫黄は「火気注意」。

✕

A674 第4類危険物の特殊引火物は危険等級Ⅰ、第1石油類とアルコール類は危険等級Ⅱ、それ以外の第4類危険物は危険等級Ⅲに区分されている。

○

A675 第4類危険物は、第2類、第3類、第5類危険物との混載が可能である。 **58**

○

A676 危険物の運搬の際の標識と消火設備に関しては、指定数量以上の場合にだけ備えるものとされている。

✕

危険物に関する法令

Q677 指定数量以上の危険物を運搬する場合は、所轄の消防長または消防署長に届け出なければならない。

 Q678 危険物の運搬を行う場合、危険物取扱者が車両に乗車する必要はない。

 Q679 危険物を移送する移動タンク貯蔵所には、その危険物の取扱いができる資格を持った危険物取扱者が乗車し、運転しなければならない。

 Q680 移動タンク貯蔵所に乗車する危険物取扱者は、常置場所のある事務所に免状を保管しておかなければならない。

 Q681 移動タンク貯蔵所に備え付ける完成検査済証等の書類は、写しであってはならない。

 Q682 移動タンク貯蔵所を休憩、故障等のため一時停止させるときは、所轄消防署長の承認を受けた場所でなければならない。

 Q683 危険物が著しく漏れるなど災害発生のおそれがある場合は、応急措置を講じるとともに最寄りの消防機関等に通報しなければならない。

A677 危険物の運搬に伴って、市町村長等や消防長などに許可や承認の申請をしたり届出をしたりする手続きは<u>必要ない</u>。

 A678 危険物を移動タンク貯蔵所で移送する場合には危険物取扱者の<u>乗車が必要</u>とされる。

 A679 危険物取扱者の<u>乗車は必要</u>とされるが、危険物取扱者自身が運転しなければいけないわけではない。

 A680 移動タンク貯蔵所に乗車する危険物取扱者は、免状を事務所に保管するのではなく、免状を<u>携帯</u>して乗車しなければならない。

 A681 完成検査済証等の書類のほか、乗車する危険物取扱者が携帯する免状も、<u>写し（コピー）は認められない</u>。

 A682 移動タンク貯蔵所を一時停止させるには、<u>安全な場所</u>であればよく、消防署長等の承認を得た場所である必要はない。

 A683 移動タンク貯蔵所による移送の場合に限らず、それ以外の車両による危険物の運搬についても危険物が著しく漏れるなど災害発生のおそれがある場合には、<u>応急措置</u>と最寄りの消防機関等への<u>通報</u>が必要とされている。

危険物を車両で運搬する場合の運搬容器および
積載方法についての基準はあるが、運搬方法に
ついての基準はない。

 第1類と第4類危険物は、指定数量の10分の1
以下である場合を除き、混載してはならない。

 危険物を移送する者は、1カ月に1回以上、移
動貯蔵タンクの底弁や消火器等の点検をするこ
ととされている。

 移送が2時間以上の長時間にわたるおそれがあ
る場合は、2人以上の運転要員を確保しなけれ
ばならない。

 移動タンク貯蔵所でガソリンを移送する場合、
運転手が危険物取扱者でなくても、免状を携帯
した丙種危険物取扱者が同乗していればよい。

 定期的に危険物を移送する場合は、移送経路を
記載した書面を消防署に送付しておかなければ
ならない。

A684 危険物の運搬についての基準は運搬容器、積載方法および運搬方法に分けて規定されている。

A685 指定数量の10分の1以下の危険物については、類を異にする危険物と混載ができる。10分の1を超える場合は、第1類と混載できるのは第6類だけである。

A686 1カ月に1回以上ではなく移送開始前に、底弁、マンホールおよび注入口のふた、消火器等の点検を十分に行う。

A687 運転要員を2人以上確保するのは、連続運転時間が4時間を超える移送または1日当たり9時間を超える移送の場合である。

A688 移動タンク貯蔵所でのガソリンの移送は、丙種危険物取扱者はガソリンの取扱いができるので、免状を携帯して同乗していれば問題ない。

A689 アルキルアルミニウム等を移送する場合は、移送経路等の記載書面を関係消防機関に送付する必要があるが、それ以外の場合には必要ない。

Q690 製造所等における危険物の貯蔵または取扱いが技術上の基準に違反している場合には、所轄の消防署長が基準遵守命令を出す。

 Q691 製造所等の位置、構造および設備が技術上の基準に適合していない場合、市町村長等は修理、改造または移転を命じることができる。

 Q692 危険物保安監督者が消防法令に違反した場合、市町村長等は保安講習の受講を命じることができる。

 Q693 製造所等で危険物の流出事故が発生しているのに所有者等が応急措置を講じない場合、市町村長等は応急措置の実施を命じることができる。

 Q694 貯蔵・取扱いの基準遵守命令に違反した場合は、製造所等の設置許可取消しまたは使用停止命令の対象となる。

 Q695 完成検査または仮使用の承認を受けずに製造所等を使用した場合は、設置許可取消しまたは使用停止命令の対象となる。

 Q696 定期点検を義務付けられている製造所等における定期点検の未実施は、設置許可取消しの対象にならない。

所有者等の義務違反に対する措置命令や許可の取消し、使用停止命令等はすべて覚えて。事故時の措置や走行中の移動タンク貯蔵所の停止等も重要です。

3行ポイント

A690 □ 製造所等に対して基準遵守命令などの措置命令を出すのは所轄の消防署長ではなく、<u>市町村長等</u>である。 ✕

A691 □ 製造所等の位置、構造および設備が技術上の基準に適合していない場合の、市町村長等による命令を<u>基準適合命令</u>という。 〇

A692 □ 保安講習の受講命令などは存在しない。危険物保安監督者が消防法令に違反した場合は製造所等の所有者等に対し、市町村長等が危険物保安監督者の<u>解任</u>を命じる。 ✕

A693 □ 応急措置とは、危険物の流出および拡散の防止、流出した危険物の除去など、<u>災害発生防止</u>のための措置をいう。 〇

A694 □ 基準遵守命令違反は、<u>使用停止命令</u>の対象だが、設置許可取消しの対象ではない。 ✕

A695 □ 完成検査前使用は、<u>設置許可取消し</u>または<u>使用停止命令</u>の対象となる。 〇

A696 □ 定期点検の未実施は、<u>設置許可取消し</u>または<u>使用停止命令</u>の対象となる。定期点検記録の作成・保存をしない場合も同様である。 ✕

危険物に関する法令

Q697 製造所等の位置、構造または設備の無許可変更は、使用停止命令の対象となる事項の１つである。

 Q698 危険物施設保安員を定めなければならない施設において危険物施設保安員を定めていない場合は、使用停止命令の対象となる。

 Q699 危険物保安監督者の解任命令に違反した場合は、使用停止命令の対象となる。

 Q700 危険物保安監督者を選任したのに市町村長等への届出を怠っている場合は、使用停止命令の対象となる。

 Q701 市町村長等は、緊急の必要があるときは施設の一時使用停止または使用制限を命じることができる。

 Q702 危険物取扱者が消防法令に違反している場合、市町村長等は、免状の返納を命じることができる。

 Q703 消防吏員または警察官は、走行中の移動タンク貯蔵所を停止させ、乗車している危険物取扱者に免状の提示を求めることができる。

697 製造所等の位置、構造または設備の無許可変更は、<u>使用停止命令</u>の対象であるとともに、<u>設置許可の取消し</u>事由でもある。

---

 698 危険物保安監督者または危険物保安統括管理者の未選任は使用停止命令の対象となるが、危険物施設保安員については<u>対象とならない</u>。

---

 699 危険物保安統括管理者の解任命令に違反した場合も同様に<u>使用停止命令</u>の対象となる。

---

 700 危険物保安監督者の選任の届出を怠ることは使用停止命令の<u>対象とならない</u>。

---

 701 公共の安全維持または<u>災害発生防止</u>のため緊急の必要がある場合に出される、市町村長等の命令を<u>緊急使用停止命令</u>という。

---

 702 免状の返納命令は、免状を交付した<u>都道府県知事</u>が発令する。市町村長等ではない。

---

 703 消防吏員または警察官は、走行中の移動タンク貯蔵所を<u>停止</u>させ、乗車している危険物取扱者に<u>免状の提示</u>を求めることができる。危険物の移送に伴う<u>火災防止</u>のため特に必要があると認める場合に出される命令である。

製造所等の位置、構造および設備が技術上の基準に適合していない場合、市町村長等は直ちに設置許可を取り消すことができる。

 政令で定める屋外タンク貯蔵所または移送取扱所が保安検査を受けないときは、設置許可取消しの対象となる。

 無許可変更、完成検査前使用および危険物保安監督者の未選任は、いずれも設置許可取消しの対象となる。

 製造所等の位置、構造または設備を無許可で変更したときは、市町村長等は、製造所等の修理、改造または移転命令を出す。

 消防吏員または警察官は、許可を受けずに指定数量以上の危険物を取り扱っている者に対し、その危険物の除去を命じることができる。

 危険物取扱者が免状の交付を受けてから2年以上危険物の取扱作業に従事しなかった場合は、免状の返納を命じられることがある。

 市町村長等は、火災の防止に必要があると認める場合は、指定数量以上の危険物を貯蔵または取り扱っているすべての場所の所有者、管理者または占有者に対し、資料提出命令が出せる。

A704 製造所等の位置、構造および設備が技術上の基準に適合していない場合はまず、製造所等の修理・改造・移転命令（基準適合命令）を出し、これに従わない場合に設置許可取消しまたは使用停止命令を出す。 ✕

 A705 保安検査未実施は、設置許可取消しの対象となるとともに、使用停止命令の対象でもある。 ◎

 A706 危険物保安監督者未選任は使用停止命令の対象であるが、設置許可取消しの対象ではない。 ✕

 A707 製造所等の無許可変更に対しては、設置許可取消しまたは使用停止命令を出す。 ✕

 A708 無許可貯蔵等の危険物に対する措置（そち）命令を出すのは、市町村長等である。消防吏員（りいん）や警察官ではない。 ✕

 A709 免状の返納命令が出されるのは、危険物取扱者が消防法令に違反している場合である。取扱作業に従事しなくても法令違反には当たらない。 ✕

 A710 市町村長等は、所有者等（所有者、管理者または占有者）に対して資料提出命令を出すことができる。またこの場合、消防職員に立入検査をさせることもできる。 ◎

重要ポイント まとめて CHECK!!

　危険物の運搬とはトラックなどの車両によって危険物を輸送することをいい、移動タンク貯蔵所による移送と区別されます。

❖運搬の基準

- 危険物は原則として運搬容器に収納して車両に積載。
- 運搬容器の外部には、危険物の品名、危険等級、化学名、数量、注意事項（第4類は「火気厳禁」）等を表示する。
- 類を異にする危険物の混載は原則禁止（指定数量の10分の1を超える場合）。ただし、次の表の○印については混載が認められる。

	第1類	第2類	第3類	第4類	第5類	第6類
第1類		×	×	×	×	○
第2類	×		×	○	○	×
第3類	×	×		○	×	×
第4類	×	○	○		○	×
第5類	×	○	×	○		×
第6類	○	×	×	×	×	

- 指定数量以上の危険物を運搬する場合は、「危」と表示した標識と消火設備を備えなければならない。

❖移送の基準

- 危険物を移送する移動タンク貯蔵所には、危険物取扱者が乗車しなければならない。
- 乗車する危険物取扱者は免状を携帯する必要がある。

Point 59 措置命令

❖義務違反に対する措置命令 (市町村長等)

- 貯蔵・取扱いの基準遵守命令
- 基準適合命令 (製造所等の修理・改造・移転命令)
- 危険物保安監督者・危険物保安統括管理者の解任命令
- 応急措置命令

❖設置許可取消しおよび使用停止命令 (市町村長等)

- 設置許可取消しまたは使用停止命令の対象事項

無許可変更 　無許可で製造所等の位置、構造または設備を変更した	施設関連違反
完成検査前使用 　完成検査または仮使用の承認を受けずに施設を使用した	
基準適合命令違反 　製造所等の修理、改造、移転命令に違反した	
保安検査未実施	
定期点検未実施等	

- 使用停止命令のみの対象事項

基準遵守命令違反 　貯蔵・取扱いの基準遵守命令に違反した	人関連違反
危険物保安統括管理者未選任等	
危険物保安監督者未選任等	
解任命令違反	

❖その他の命令

- 緊急使用停止命令 (市町村長等)
- 移動タンク貯蔵所の停止命令 (消防吏員、警察官)
- 免状返納命令 (都道府県知事)

危険物に関する法令

解いて、自信をつけよう

計算問題にチャレンジ

Lesson.1 物理・化学の計算問題

 〈比熱に関する問題〉　　　⇨邇**P.30**

比熱が0.5J/（g・K）の液体100gの温度を10℃から30℃まで上昇させるために必要な熱量はいくらか。A、Bから選びなさい。

　　A　1,000J
　　B　1,500J

- -

 〈比熱に関する問題〉　　　⇨邇**P.30**

比熱が2.5J/（g・K）で5℃の物質200gがある。この物質に3.5kJの熱量を加えると何℃になるか。A、Bから選びなさい。

　　A　7℃
　　B　12℃

A711 □□ 比熱に関する計算は、次の図を使えば簡単に求 **A** められる。

熱量〔J〕		
比熱 〔J/（g・K）〕	質量 〔g〕	温度差 〔℃またはK〕

本問のように熱量を求める場合、〔熱量〕のと
ころを指で隠すと〔比熱〕〔質量〕〔温度差〕が
横に並ぶ。そこでこれらをかけ合わせる。

　0.5×100×（30－10）＝1000

必要な熱量は1,000 Jであることがわかる。

- -

A712 □□ 元の温度との〔温度差〕を求めれば何℃になる **B**
かがわかるので、問711解説の図の〔温度差〕
のところを指で隠す。すると、

$$\frac{熱量〔J〕}{比熱〔J/（g・K）〕× 質量〔g〕} = 〔温度差〕$$

となることがわかる。そこで数値を代入して、

$$\frac{3500（単位は〔J〕）}{2.5×200} = 7 \quad ⇒ \ 7℃上昇$$

元の温度が5℃なので、5＋7＝12℃になる。

〈化学反応式に関する問題〉　⇨速P.55

メタノールが完全燃焼したときの化学反応式として、（　）内のa～dに入る係数の組合せとして正しいものを、A、Bから選びなさい。

$$(a)CH_3OH+(b)O_2 \rightarrow (c)CO_2+(d)H_2O$$

A　a=3、b=2、c=3、d=2
B　a=2、b=3、c=2、d=4

A713 □ □ □ 　B

化学反応式は、左辺と右辺で原子の種類と数が同じにならなければならない。両辺の原子の数が合うように正しく係数をつける方法として、未定計数法がある。まず、最初は係数がわからないので、a、b、c、dなどの文字を未知の係数としてつける。

$$aCH_3OH + bO_2 \rightarrow cCO_2 + dH_2O$$

次に、左辺と右辺で各原子の数が等しくなるように等式をつくる。

炭素C ⇒ $a \times 1 = c \times 1$　　$\therefore c = a$　…①
水素H ⇒ $a \times 4 = d \times 2$　　$\therefore d = 2a$ …②
酸素O ⇒ $a \times 1 + b \times 2 = c \times 2 + d \times 1$
　　　　　　$\therefore a + 2b = 2c + d$ …③

①式と②式を、③式に代入すると、

$$a + 2b = 2a + 2a \quad \therefore b = \frac{3}{2}a \cdots ④$$

①式、②式、④式を元の式に代入して、

$$aCH_3OH + \frac{3a}{2}O_2 \rightarrow aCO_2 + 2aH_2O$$

この式の両辺をaで割り、両辺に2をかける。
$$\therefore 2CH_3OH + 3O_2 \rightarrow 2CO_2 + 4H_2O$$

以上より、a=2、b=3、c=2、d=4 となる。

計算問題にチャレンジ

Q714 〈分子量に関する問題〉　　　⇨ 運 P.56

エタノール（エチルアルコール）の化学式は、次のように表すことができる。

$$CH_3CH_2OH$$

エタノールの1mol当たりの質量はいくらか。A、Bから選びなさい。ただし原子量はC＝12、H＝1、O＝16とする。

  A　46g
  B　48g

> エタノールの化学式は、CH_3CH_2OHのほかに、C_2H_5OHまたはC_2H_6Oと表すこともできる。

Q715 〈必要な酸素量に関する問題〉　　　⇨ 運 P.57

エタノールの完全燃焼は、次の反応式によって表される。

$$C_2H_6O + 3O_2 → 2CO_2 + 3H_2O$$

エタノール1molを完全燃焼させるのに必要な理論上の酸素量はいくらか。A、Bから選びなさい。原子量はC＝12、H＝1、O＝16とする。

  A　32g
  B　96g

1 mol（モル）とは、同一粒子6.02×10²³個分のまとまりをいい、物質1mol当たりの質量はその物質の原子量または分子量に〔g〕をつけたものと等しい。エタノールはその化学式より、

A714

A

　C（炭素）…2個
　H（水素）…6個
　O（酸素）…1個

からできた分子であることがわかる。

分子量を求めるには、その分子に含まれている原子の原子量を合計すればよいので、

エタノールの分子量

　＝（12×2）＋（1×6）＋（16×1）

　＝24＋6＋16＝46　⇒ 分子量46

したがって、エタノールの1mol当たりの質量は、46gとなる。

 化学反応式の係数は、物質量（mol）の比を表している。エタノールの完全燃焼を表す反応式を見ると、エタノール1molに酸素3molが結びついていることがわかる。エタノール1molを完全燃焼させるには、3molの酸素が必要なのである。

A715

B

酸素（O_2）はその化学式より、酸素原子2個でできた分子であることがわかる。

したがって、酸素の分子量

　＝（16×2）＝ 32　⇒ 1mol当たり32g

これが3mol必要なのだから、32×3＝96gとなる。

計算問題にチャレンジ

⇨速P.58

〈必要な空気量に関する問題〉

アセトンCH_3COCH_3の完全燃焼の化学反応式
（燃焼式）は、次のように表すことができる。

$$CH_3COCH_3 + 4O_2 \rightarrow 3CO_2 + 3H_2O$$

0℃1気圧（標準状態）においてアセトン5.8g
が完全燃焼するとして、これに必要な空気量は
何Lか。A、Bから選びなさい。

ただし、空気中に占める酸素の体積の割合は20%
とし、原子量は、C＝12、H＝1、O＝16とする。

    A　89.6L
    B　44.8L

A716

アセトンの化学式CH₃COCH₃を分子式で表すとC₃H₆Oとなるので、分子量は、

(12×3)＋(1×6)＋(16×1)＝58

つまり、アセトンは1mol当たり58gなので、5.8gならば、5.8÷58＝0.1molである。

次に、設問の燃焼式を見ると、
アセトン1molに対して酸素は4molが反応して完全燃焼している。

$$CH_3COCH_3 + 4O_2 \rightarrow 3CO_2 + 3H_2O$$
$$\quad 1 \quad : \quad 4$$

このため、アセトン0.1molに対しては、
0.1mol×4＝0.4molの酸素が反応する。

アボガドロの法則より、0℃1気圧(標準状態)においては、どんな気体でも1molの体積は22.4Lである。

したがって、酸素0.4molの体積は、
22.4L×0.4＝8.96Lである。
さらに、空気中に占める酸素の体積の割合は20%なので、完全燃焼に必要な空気量は、
8.96L÷20×100＝44.8Lとなる。

〈熱化学方程式に関する問題〉 ⇨ 速 P.61

Q717

水素（原子量＝1）と酸素（原子量＝16）とが
結びついて水が生じる反応を、熱化学方程式で
表すと次のようになる。

$$H_2 + \frac{1}{2}O_2 = H_2O(液) + 286kJ$$

水素2molの場合、この反応によって発生する熱
量はいくらか。A、Bから選びなさい。

A　286kJ

B　572kJ

〈熱化学方程式に関する問題〉 ⇨ 速 P.61

Q718

炭素が完全燃焼するときの熱化学方程式は、次
のとおりである。

$$C + O_2 = CO_2 + 394kJ$$

あるときこの反応で発生した熱量が1,182kJで
あったとすると、このとき完全燃焼した炭素の
質量は何gか。A、Bから選びなさい。原子量は
C＝12、O＝16とする。

A　36g

B　48g

A717 熱化学方程式とは、化学反応式に反応熱を書き加え、両辺を等号（＝）で結んだ式のことをいう。**B**

水素と酸素から水を生じる場合の熱化学方程式を見ると、水素１molが反応したときに286kJの反応熱が発生することがわかる。

水素の物質量が２mol（２倍）になった場合は、発生する熱もこれに比例して２倍になる。

したがって、水素２molの場合に発生する熱量

　＝286×２

　＝572

572kJが発生することになる。

A718 炭素の完全燃焼を表す熱化学方程式を見ると、**A**炭素１molが完全燃焼したときに394kJの熱量が生じることがわかる。この反応で1,182kJの熱が発生したとすると、

　1182÷394＝3

つまり、３倍の熱量が発生したことになるため、反応した炭素の量もこれに比例して３倍でなければならない。

炭素（C）は単体なので、１mol当たりの質量は12g（原子量に〔g〕をつけるだけ）である。

したがって、熱量1,182kJの場合の炭素の質量

　＝12×３

　＝36

36gの炭素が完全燃焼したことになる。

計算問題にチャレンジ

Q 719 〈指定数量に関する問題〉　⇨速P.171

法令上、同一の貯蔵所において、次の第4類の危険物を同時に貯蔵する場合、指定数量の倍数の合計は何倍になるか。A、Bから選びなさい。

　　ガソリン………1,000 L
　　軽油……………3,000 L
　　重油……………2,000 L

　　A　3倍
　　B　9倍

- -

Q 720 〈指定数量に関する問題〉　⇨速P.171

第4類の危険物である灯油を500 L貯蔵している同一の場所に、同じく第4類の危険物であるエタノールを貯蔵する場合、法令上、指定数量の倍数が1以上となるのは、エタノールを何L以上貯蔵した場合か。A、Bから選びなさい。

　　A　100 L
　　B　200 L

A719 同一の場所において、危険物A、B…を貯蔵し **B**
または取り扱っている場合は、次の式によって
指定数量の倍数の合計を求める。

$$\frac{実際のAの数量}{Aの指定数量} + \frac{実際のBの数量}{Bの指定数量} + \cdots$$

本問の危険物の指定数量は、
・ガソリン（第1石油類非水溶性）… 200L
・軽油（第2石油類非水溶性）………1,000L
・重油（第3石油類非水溶性）………2,000L
したがって、指定数量の倍数の合計は

$$\frac{1000}{200} + \frac{3000}{1000} + \frac{2000}{2000}$$

$$= 5 + 3 + 1 = 9 \Rightarrow 9倍となる。$$

- -

 A720 灯油およびエタノール（エチルアルコール）の **B**
指定数量は、
・灯油（第2石油類非水溶性）………1,000L
・エタノール（アルコール類）……… 400L
まず灯油500Lなので、その指定数量の倍数は、

$$\frac{500}{1000} = 0.5 \Rightarrow あと0.5で1以上となる。$$

したがって、$\frac{200}{400} = 0.5$なので、

指定数量の倍数が1以上となるのは、エタノー
ルを200L以上貯蔵した場合である。

271

らくらく暗記
使える！ゴロ合わせ58

第1編　基礎的な物理学および基礎的な化学

1　昇華

こしょう
（固体）（昇華）

起床
（気体）（昇華）

●固体が気体（またはその逆）に直接変化すること。

気体

蒸発（加熱）　凝縮（冷却）

昇華　　　昇華

液体

融解（加熱）　凝固（冷却）

固体

❶❷❸は上の図をイメージしながら覚えましょう。

2　蒸発と凝縮

駅出て蒸発
（液体）（蒸発）

北で冷やされ
（気体）

駅に戻る
（液体）

今日も宿泊
（凝縮）

●液体→気体→液体の変化

3　融解と凝固

固まりが　誘拐されて　駅に着く
（固体）　　（融解）　　（液体）

おうちに帰りたいよ〜

寒さに固まり　ギョッとする
（固体）　　　（凝固）

●固体→液体→固体の変化

付
録

使
え
る
！
ゴ
ロ
合
わ
せ
58

4 固体・液体、液体・気体の
変化の際の温度は一定

ゆかいなキョウコ
（融解・凝固）

ふと自発的に挙手
（沸騰・蒸発・凝縮）

「イテーなおんどりゃ！」
（一定な温度）

5 密度の求め方

みっちゃん　質屋へ　体当たり
（密度＝質量÷体積）

6 圧力の求め方

あっちゃんは
（圧力〔N/m²〕＝）

力まかせに　ツラで割り
（力の大きさ〔N〕÷面の面積〔m²〕）

7 力の単位

カんだニュートン
（力）　　　　（N）

一気に悔んだ　101日
（1kg＝9.8N）　（100g＝1N）

　●ニュートン（N）は力の大きさを表す
単位。質量1kgの物体が地球から受ける
重力の大きさは約9.8N。質量100g
（＝0.1kg）で0.98N（約1N）になる。

8 絶対0度

0度だと　絶対　卑屈な身
（絶対0度は−273℃）

9 比熱と熱容量

比べれば一度に1g
（比熱）　　（1℃）　（1g）

容れるなら一度に全体
（熱容量）　　（1℃）（全体）

●比熱は物質1gを1℃上昇させるのに必要な熱量、熱容量はある物質全体の温度を1℃上昇させるために必要な熱量。

10 熱の移動

熱い日は
（熱移動には）

包帯巻いて　店頭へ
（①放射②対流③伝導の3種類ある）

11 オームの法則

オウムが言う
（オームの法則）

「流れは圧倒的に悪いが抵抗中」
（電流＝電圧÷抵抗）

●電流は、電圧に比例し、抵抗に反比例する

12 ジュールの法則

ずるずる 発熱
（ジュールの法則）（発熱量は）

あついリュウジ
（電圧×電流×時間）

●発熱量は、電流が一定のときは電圧の2乗に比例し、抵抗に反比例する。
電圧が一定のときは電流の2乗に比例し、抵抗にも比例する。

13 主な帯電現象

タイでうーんと マッサージ
（帯電現象）（摩擦）

触れて 流して
（接触）（流動）

汗がふきだす
（噴出）

14 静電気災害の防止策

帽子が似合うしずかちゃん
（静電気災害を防ぐには）

お風呂は のんびり 底まで浸かる
（湿度を高く）（流速は遅く）（ノズルの先はタンクの底に着ける）

ほんとは魔性で
（摩擦は少なく）

めんどくさがり
（木綿の衣服）

明日は
（アース）

ようきな 金曜日
（容器は）（金属製）

静電気なし！

15 同素体

ダイコク高校　同窓会
(ダイヤ)(黒鉛)　　(同素体)

同じ元でも　けっこう異なる
(同じ)(元素)　　　(結合)(異なる)

●ダイヤモンドと黒鉛のように、同じ元素からできた単体なのに原子の結合
状態が異なるために性質も異なるものどうしを同素体という。

16 ボイル・シャルルの法則

ボーイの体　力に反発
(ボイルの法則→体積は圧力に反比例)

ギャルルの体　熱さに素直
(シャルルの法則→体積は絶対温度に比例)

ボーイ & ギャルル

17 質量%濃度の求め方

洋室で　グラス　割り
(溶質の質量g÷)

液体　こぼれ　室料
(溶液の質量g)

100倍
(×100)

パッとせんのう
(質量%濃度)

$$質量\%濃度（\%またはwt\%）= \frac{溶質の質量\ g}{溶液の質量\ g} \times 100$$

●重量%濃度の単位は、%またはwt%。

18 モル濃度の求め方

雨漏るのう
(モル濃度＝)

洋室の漏り　悪く　数リットル
(溶質の物質量mol÷溶液の体積L)

●モル濃度の単位は、mol/L。

19 リトマス試験紙の色

SUNは青年を赤くする
（酸を含んだ水溶液は
青色のリトマス試験紙を赤色に変える）

20 水素イオン指数（pH）

（ラッキー）7<ruby>七<rt>なな</rt></ruby>よりでかけりゃ、
そりゃ、縁起よい
（pH 7は中性。pHが14に近づくほど
塩基性が強くなる）

21 酸化

参加賞　山荘もらえば
（酸化）　（酸素）（受取る）

電気水道ありません
（電子）（水素）　（失う）

●酸化とは、物質が酸素と化合して酸化物に
なる変化。広い意味では、物質が水素を失っ
たり、物質（原子）が電子を失ったりする変
化でもある。

22 イオン化傾向

大 ←										イオン化傾向						→ 小
K	Ca	Na	Mg	Al	Zn	Fe	Ni	Sn	Pb	(H)	Cu	Hg	Ag	Pt	Au
借りょ	か	な	ま	あ	あ	て	に	す	な	ひ	ど	す	ぎる	借	金
カリウム	カルシウム	ナトリウム	マグネシウム	アルミニウム	亜鉛	鉄	ニッケル	スズ	鉛	水素	銅	水銀	銀	白金	金

←陽イオンになりやすい
溶けやすい
錆びやすい

陽イオンになりにくい→
溶けにくい
錆びにくい

23 金属の主な特性

なかなか溶けない　おカタイ　女王
(融点が高い　一般的に常温で固体)

ヒジはデカいが　良いボディ
(比重が大きい)　　　(良導体)

湘南沿岸のSUNに溶け
(硝酸・塩酸などの無機酸に溶ける)

炎天下でも　ピカピカよ
(延性・展性)　　(金属光沢)

● ほかに、塩基性酸化物をつくる特性などもある

24 燃焼の3要素

金で　おっさん　天下とる
(可燃物)　(酸素供給源)　(点火源)

● 物質の燃焼には、燃える物(可燃物)と
酸素(酸素供給源)と火(点火源)が同時
に存在する必要がある。

25 燃焼の仕方

セル　セル　自己中
(セルロイド、ニトロセルロースは自己燃焼)

炭濃く隠す　表だけ
(木炭、コークスは表面燃焼)

異様なふたり　蒸発中
(硫黄、ナフタリンは蒸発燃焼)

26 混合危険

イカロス　と
(第1類または第6類+)

似たりよったり
(第2類または第4類)

278

27 消火の4要素

助教授　息ぎれ　よっこらせ
（除去）　　（窒息）（冷却）（抑制）

●消火の3要素（除去・窒息・冷却）に抑制を
加え、消火の4要素という。

28 火災の区別

ええかふつうは
（A火災は普通火災）

美化した油で　しかできん
（B火災は油火災）　（C火災は電気火災）

29 泡消火

アワワワワ
（泡消火）

息が詰まって　フー　あぶない
（窒息効果）　　　（普通火災）（油火災）

30 油火災に適応できない消火剤

きょうぼうなみずも
（強化液）（棒状）　（水）

あぶらにゃ弱い
（油火災）

●油火災には、水（棒状、霧状）、強化液（棒状）は
使えない。

③① 電気火災に適応できない消火剤

でんきにゃ弱い　あわてんぼう
（電気火災）　　　　　　（泡）　（棒状）

●電気火災には、水（棒状）、強化液（棒状）、泡、水溶性液体用泡消火剤は使用できない。

③② 消火設備の種類

センスよく
（第1種：○○消火栓　第2種：スプリンクラー）

消火設備は
（第3種：○○消火設備）

大と小
（第4種：大型消火器　第5種：小型消火器）

③③ 消火器の標識の色の覚え方

普通火災：普通のコピー用紙の色は	→白色
油　火　災：てんぷら油の色は	→黄色
電気火災：静電気の「静」の字に青がある	→青色

消火設備の区分

第1種	○○消火栓
第2種	スプリンクラー設備
第3種	○○消火設備
第4種	大型消火器
第5種	小型消火器

消火器の標識の地色

普通	（A）	火災	白
油	（B）	火災	黄
電気	（C）	火災	青

付
録

使
え
る
！
ゴ
ロ
合
わ
せ
58

34　危険物の分類

さかじいじこさココブエブエ

さかじい事故さ！

1類	2類	3類	4類	5類	6類
さ	か	じ	い	じこ	さ
酸化性	可燃性	自然発火性禁水性	引火性	自己反応性	酸化性
コ	コ	ブ	エ	ブ	エ
固体	固体	物質	液体	物質	液体

35　第4類危険物の第1～第4石油類の引火点

古い　　納豆　　匂う　　ふところ
（21）　　（70）　　（200）　　（250）

●第1石油類21℃未満
　第2石油類21℃～70℃未満
　第3石油類70℃～200℃未満
　第4石油類200℃～250℃未満

36　特殊引火物の性質

イカの性質みんな以下
（特殊引火物）　　　　　（以下）

100万出してハッカ買い
（100℃以下）　　（発火点）

借りた20でイカ買って
（−20℃以下）（引火点）

財布は始終フッテンテン
　　　（40℃以下）（沸点）

●特殊引火物とは、1気圧において、発火点100℃以下のもの、または引火点が−20℃以下であって沸点40℃以下の引火性液体をいう。

37 特殊引火物の主な物品名

インカの旅は二流でも
（特殊引火物）　（二硫化炭素）

あせって参加するがエー
（アセトアルデヒド）（酸化プロピレン）（エーテル）

● エーテル＝ジエチルエーテル

---

38 二硫化炭素の発火点
ジエチルエーテルの引火点（特殊引火物）

結果を　くれと
（発火点）　（90℃）

特殊引火物は引火しやす
い、危険なヤツらだぜ！

いうのは二流
（二硫化炭素）

マイナスから仕事を
（－45℃）

引いてくるのが
（引火点）

えー
（ジエチルエーテル）

---

39 第1石油類の主な物品名

だいいち　ガソリンさえ
（第1石油類）（ガソリン）（酢酸エチル）

あせって　とるの忘れて
（アセトン）　（トルエン）

ぜんぜん　ピンチ
（ベンゼン）　（ピリジン）

40 ベンゼンとトルエンの共通項（第1石油類）

ぜんぜん　とれへん
（ベンゼン　トルエン）

すごい臭い
（刺激臭）

水でも取れず　窒息しそう
（水に溶けない）　　（窒息消火）

雪が溶けても
（有機溶剤に溶ける）

重い空気
（蒸気は空気よりかなり重い）

41 アセトンの泡消火（第1石油類）

焦っても　ただ慌てたらだめ
（アセトン）　　（普通の泡消火剤じゃだめ）

　　●水に溶けるため、耐アルコール泡を用いる

42 メタノールとエタノールの違い（アルコール類）

酔っぱらいが
（アルコール類）

メチャ　毒舌で　ヒドイ
（メタノール・毒性・燃焼範囲広い）

エチケット無視で　熟睡
（エタノール・麻酔性）

43 灯油の引火点と発火点（第2石油類）

始終夫婦は　灯油で暖か
（灯油の引火点は40℃以上、発火点は220℃）

44 第2石油類の主な物品名

トーケイと鳴く黒キジ
（灯油）（軽油）（クロロベンゼン）（キシレン）

沢山台に乗る
（酢酸）（第2石油類）

トーケイ

---

45 重油の日本産業規格の分類（第3石油類）

ええじょゆうだが　ねばらない
（重油は粘りが少ない順から、

1種／A重油、2種／B重油、3種／C重油）

イカ天　ムレムレ　なれの果て
（引火点は、

1種／60℃以上、2種／60℃以上、3種／70℃以上）

衣が
とれちゃった！！

---

46 第4石油類の引火点

イカ天の　出汁　ぶたれて　にごれ
（引火点）（第4石油類は）（200℃以上）（250℃未満）

---

47 動植物油類の主な物品名

どうしょうか
（動植物油類）

あまりの歓声
（アマニ油は乾性油）

反感のタネ
（ナタネ油は半乾性油）

ヤジられナイーブ
（ヤシ油・オリーブ油は）

ふーアカン
（不乾性油）

乾性油はとっても熱
を溜めやすいんです。

付
録

使
え
る
！
ゴ
ロ
合
わ
せ
58

48 第4類危険物の指定数量

五十過ぎ　　　ふられて　　　ヨレレ
（50L：特殊引火物）（200L：第1石油類）（400L：アルコール類）

ワンさんは　　通算
（1,000L：第2石油類）（2,000L：第3石油類）

無産で　　　　　最後一番
（6,000L：第4石油類）（10,000L：動植物油類）

●第1、第2、第3石油類は非水溶性の指定数量。

49 丙種危険物取扱者が取り扱える危険物

兵士には
（丙種）

ガス灯軽く　　　財産重く
（ガソリン　灯油　軽油）（第3石油類の重油、

潤うインカの遺産
潤滑油　引火点130℃以上のもの）

4つどう？
（第4石油類　動植物油類）

50 危険物保安監督者の選任を常に必要とする施設

監督は　　　　　いつも
（危険物保安監督者）　（常に選任）

きゅうりをつくって
（給油取扱所）（製造所）

送る　　　奥さんに
（移送取扱所）（屋外タンク貯蔵所）

●規模が限定されている屋内タンク貯蔵所には義務がない。

51 定期点検実施義務のない施設

奥さん　カンカン
（屋内タンク貯蔵所）（簡易タンク貯蔵所）

ケーキの　販売　なし
（定期点検）（販売取扱所）（義務なし）

●規模が限定されている屋内タンク貯蔵所には義務がない。

52 常に予防規程の作成義務がある施設

予防には　急いで　給料
（予防規程作成義務）（移送取扱所）（給油取扱所）

53 保安距離を必要とする製造所等

保安官と距離おく正造
（保安距離）　　　　　　（製造所）

家でも外でも貯蓄は完璧
（屋内貯蔵所）（屋外貯蔵所）

外じゃタンク貯金も普通です
（屋外タンク貯蔵所）（一般取扱所）

●簡易タンク貯蔵所（屋外）と移送取扱所（地上）の２つを加えると、保有空地を必要とする製造所等になる。

54 屋外貯蔵所で貯蔵・取扱いできる危険物（第２類）

セカンドに　言おう
（第２類危険物では硫黄と）

イカン0点交替か？
（引火点が0℃以上の引火性固体）

使える！ゴロ合わせ 58

55 屋外貯蔵所で貯蔵・取扱いできる危険物（第４類）

夜に帰ろう１２３４
（第４類危険物）（第１・２・３・４石油類）

酒・肉野菜もあるってよ
（アルコール類）（動植物油類）

●特殊引火物と第１石油類の引火点０℃未満
（**56** 参照）のものは、貯蔵・取扱いできない。

56 屋外貯蔵所で貯蔵・取扱いできない
第４類危険物（第１石油類）

だいいちガソリン
（第１石油類のガソリン・）

あせって全然イカれてる
（アセトン・ベンゼンなどの引火点０℃未満のもの）

57 第５種消火設備を有効に消火することが
できる位置に設置する製造所等

小さな五つ子
（第５種消火設備[小型消火器]）

ちかたん・かんたん・
（地下タンク貯蔵所・簡易タンク貯蔵所・）

いどたん・きゅーちゃん・おはんちゃん
（移動タンク貯蔵所・給油取扱所・販売取扱所）

58 類を異にしても混載できる危険物

ラッキーセブンは
（足して７）

ツヨイ
（第２類）（第４類）（第５類）

●類の数字を足して７になる組合せは混載可能。そのほか、第２類・４類・
５類は、それぞれ混載可能。第４類危険物は第３類（足して７）、第２類、
第５類と混載できる。

- ●法改正・正誤等の情報につきましては、下記「ユーキャンの本」ウェブサイト内「追補（法改正・正誤）」をご覧ください。
  https://www.u-can.co.jp/book/information
- ●本書の内容についてお気づきの点は
  - ・「ユーキャンの本」ウェブサイト内「よくあるご質問」をご参照ください。
    https://www.u-can.co.jp/book/faq
  - ・郵送・FAXでのお問い合わせをご希望の方は、書名・発行年月日・お客様のお名前・ご住所・FAX番号をお書き添えの上、下記までご連絡ください。
    【郵送】〒169-8682 東京都新宿北郵便局 郵便私書箱第2005号
    　　　　ユーキャン学び出版 危険物取扱者資格書籍編集部
    【FAX】03-3350-7883
  - ◎より詳しい解説や解答方法についてのお問い合わせ、他社の書籍の記載内容等に関しては回答いたしかねます。
- ●お電話でのお問い合わせ・質問指導は行っておりません。

ユーキャンの乙種第4類危険物取扱者
これだけ！一問一答＆要点まとめ 第5版

2009年12月20日　初　版　第1刷発行
2023年10月 6 日　第5版　第1刷発行

編　者	ユーキャン危険物取扱者試験研究会
発行者	品川泰一
発行所	株式会社 ユーキャン 学び出版
	〒151-0053 東京都渋谷区代々木1-11-1
	Tel 03-3378-1400
編　集	株式会社 東京コア
発売元	株式会社 自由国民社
	〒171-0033 東京都豊島区高田3-10-11
	Tel 03-6233-0781（営業部）

印刷・製本　望月印刷株式会社